星际奥秘探索

王子安◎主编

汕頭大學出版社

图书在版编目（CIP）数据

星际奥秘探索 / 王子安主编. -- 汕头 : 汕头大学出版社, 2012.4（2024.1重印）
ISBN 978-7-5658-0687-2

Ⅰ. ①星… Ⅱ. ①王… Ⅲ. ①宇宙－普及读物 Ⅳ. ①P159-49

中国版本图书馆CIP数据核字(2012)第057605号

星际奥秘探索

主　　编：王子安
责任编辑：胡开祥
责任技编：黄东生
封面设计：君阅天下
出版发行：汕头大学出版社
　　　　　广东省汕头市汕头大学内　邮编：515063
电　　话：0754-82904613
印　　刷：唐山楠萍印务有限公司
开　　本：710mm×1000mm　1/16
印　　张：12
字　　数：70千字
版　　次：2012年4月第1版
印　　次：2024年1月第2次印刷
定　　价：55.00元
ISBN 978-7-5658-0687-2

前言

青少年是我们国家未来的栋梁，是实现中华民族伟大复兴的主力军。一直以来，党和国家的领导人对青少年的健康成长教育都非常关心。对于青少年来说，他们正处于博学求知的黄金时期。除了认真学习课本上的知识外，他们还应该广泛吸收课外的知识。青少年所具备的科学素质和他们对待科学的态度，对国家的未来将会产生深远的影响。因此，对青少年开展必要的科学普及教育是极为必要的。这不仅可以丰富他们的学习生活、增加他们的想象力和逆向思维能力，而且可以开阔他们的眼界、提高他们的知识面和创新精神。

宇宙是一个充满神秘色彩的大家庭，在这个大家庭中包含了无数深奥难解的秘密。人类在很久以前就开始对这个庞大的家庭有过浅显的研究，但是到了科学技术相当发达的现代，人类对宇宙也有了更加深刻的认识，《星际奥秘探索》一书将带着读者对宇宙星际进行解锁、探秘，从而解开读者对神秘宇宙产生的种种疑问。

本书属于“科普·教育”类读物，文字语言通俗易懂，给予读者一般性的、基础性的科学知识，其读者对象是具有一定文化知识程度与教育水平的青少年。书中采用了文学性、趣味性、科普性、艺术性、文化性相结合的语言文字与内容编排，是文化性与科学性、自然性与人文性相融合的科普读物。

此外，本书为了迎合广大青少年读者的阅读兴趣，还配有相应的图文解说与介绍，再加上简约、独具一格的版式设计，以及多元素色彩的内容编排，使本书的内容更加生动化、更有吸引力，使本来生趣盎然的知识内容变得更加新鲜亮丽，从而提高了读者在阅读时的感官效果。

尽管本书在编写过程中力求精益求精，但是由于编者水平与时间的有限、仓促，使得本书难免会存在一些不足之处，敬请广大青少年读者予以见谅，并给予批评。希望本书能够成为广大青少年读者成长的良师益友，并使青少年读者的思想能够得到一定程度上的升华。

2012年3月

目录

CONTENTS

第一章 宇宙世界之谜

第二章 宇宙现象

第三章 宇宙成员探索

第四章 宇宙生命探索

第五章 太阳系

第六章 神秘的月亮

第七章 其他行星

第一章

宇宙世界之谜

抬头仰望夜晚的天空，我们发现在浩海的夜幕中，悬挂的点点繁星一闪一闪的发出美丽的光芒，如同跳动的音符欢快而轻盈，为这静谧的夜晚增添了无穷的乐趣。此时，我们不禁要问，在这浩瀚的宇宙中，究竟蕴藏着多少鲜为人知的秘密呢？

从古至今，无论是天文学家还是天文爱好者，都对这深邃的宇宙进行了不断地探索，但是，尽管如此，人类对于宇宙的了解还是少之甚少，宇宙世界的许多秘密还是我们未探索过的或者是没有发现的。

许多天文爱好者和天文学家都提到过这样的疑问：宇宙到底有多大？宇宙最终的归宿是怎么样的？宇宙的寿命有多长？神秘的银河系究竟是怎么回事呢？正是由于这些难以解开的疑问迫使着天文学家们不懈地专注于对其研究，迫切地揭开宇宙中的秘密是人类千百年来一个伟大的梦想，相信，随着现代科技的不断进步，人类逐渐揭开宇宙之谜必将指日可待，这个梦想终将会变成现实。

宇宙有多大

宇宙是广阔无限的，那么宇宙真的没有边际吗？如果有的话，宇宙究竟有多大呢？

从理论上讲，天文学家已经有了一个精确测定宇宙距离的尺度，叫做哈勃常数，是以美国天文学家埃德温·哈勃的名字命名的。哈勃在20世纪20年代发现，宇宙正在以不变的速度膨胀。但是，用哈勃常数作为测量尺度有一个问题，即无人知道它有多长，且哈勃常数只能在太阳系以外的太空里测定。在那里，膨胀速度非常大，任何局部影响都变得微不足道。不幸的是那里距离我们的地球太遥远了，往往有数亿光年。如果天文学家能够找到一支“标准蜡烛”，即某个类星体，其亮度稳定，且非常明亮，横

跨半个宇宙都可以看到，那么这个问题便可迎刃而解了。但是迄今为止，大家公认的可通用于整个宇宙的“标准蜡烛”尚未找到。总之，时至今日，宇宙的范围有多大的这个问题远远未能解决。

1982年，霍金提出了一种既自给又自足的量子宇宙论。在这个理论中，宇宙中的一切在原则上都可以单独地由物理定律预言出来，而宇宙本身是从无中生有而来的。这个理论建立在量子理论的基础之上，涉及到量子引力论等多种知识。在霍金的理论中，宇宙的诞生

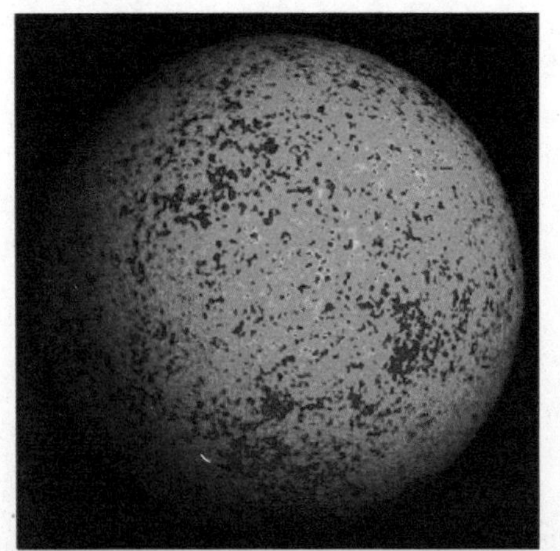

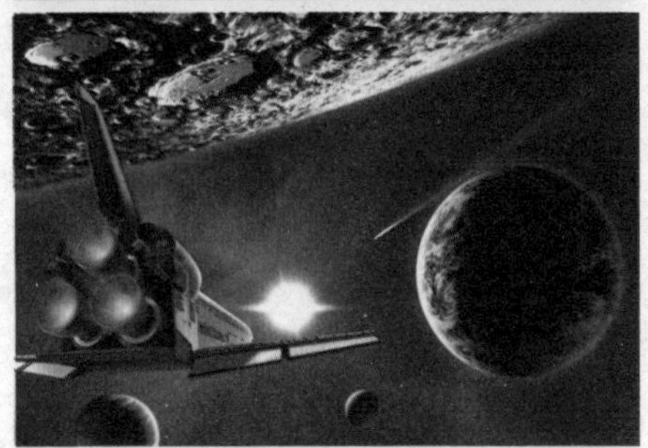

是从一个欧氏空间向洛氏时空的量子转变过程，这就实现了宇宙无中生有的思想。这个欧氏空间是一个四维球。在四维球转变成洛氏时空的最初阶段，时空是可由德西特度规来近似描述的暴涨阶段。然后膨胀减缓，再接着由大爆炸模型来描写。这个宇宙模型中空间是有限的，但没有边界，被称作封闭的宇宙模型。从霍金提出这个理论之后，几乎所有的量子宇宙学研究都是围绕着这个模型展开的。这是因为它的理论框架只对封闭宇宙有效。

如果人们不特意对空间引入人为的拓扑结构，则宇宙空间究竟是有限无界的封闭型，还是无限无界的开放型，取决于当今宇宙中的物质密度产生的引力是否足以使宇宙的现有膨胀减缓，以至于使宇宙停止膨胀，最后再收缩回去。这是关系到宇宙是否会重新坍缩或者无限膨胀下去

的生死攸关的问题。可惜迄今的天文观测，包括可见的物质以及由星系动力学推断的不可见物质，其密度总和仍然不及使宇宙停止膨胀的1/10。不管将来进一步的努力是否能观测到更多的物质，无限膨胀下去的开放型宇宙仍然呈现在人们面前。

可以想象，许多人曾尝试将霍金的封闭宇宙量子论推广到开放的情形，但始终未能成功。霍金及图鲁克在他们的新论文“没有假真空的开放暴涨”中才部分实现了这个愿望。他仍然利用四维球的欧氏空间，由于四维球具有最高的对称性，在进行解析开拓时，也可以得到以开放的三维双曲面为空间截面的宇宙。这个三维双曲面空间遵循了爱因斯坦方程并继续演化下去，宇宙就不会重新收缩，这样的演化是一种有始无终的过程。

宇宙最终的“家”

由于人们对“暗能量”有不同

的理解，所以科学家早前曾根据这些提出了三种宇宙命运的假设：

一是“永远膨胀”。按照暗能量稳定存在的假设，宇宙将会永远加速膨胀下去。

二是“大分裂”。如果暗能量排斥力超出爱因斯坦的预测，那么所有物质将在宇宙的急剧膨胀中被撕裂。

三是“大坍塌”。暗能量也许有一天会突然发生跳转，由原来的排斥变成将膨胀的宇宙往回拉的力，宇宙最后将在挤压下产生“大坍塌”。

人们一直对于宇宙的命运问题存在一系列的疑问，不同的宗教派

别对此有不同的“答案”，哲学家们也为此争论不休，因为它涉及到永恒与上帝。今天，越来越多的证据显示我们的宇宙起源于大爆炸，并且使人们对宇宙的过去有了更深刻的了解，但是对于宇宙的未来，这个大多数人更为关注的问题，科学家们仍然进展缓慢。

宇宙在爆炸中诞生，那么它又将如何结束它的生命呢？实际上它只有两种选择，要么永远膨胀下去，星系间不断相互远离，而宇宙将在无边的黑暗中慢慢死去；要么星系间停止分离并重新聚集，而宇宙将在一场异常可怕的大坍缩中壮烈“牺牲”。由于最近天文学领域中的一系列激动人心的发现，人们可能已经找到了关于宇宙命运的最终答案。

当宇宙不断膨胀时，宇宙中所有物质的引力会导致一种减缓膨胀的倾向，如果这种引力足够强，那

么膨胀将停止并开始收缩；如果这种引力不够强，膨胀将一直进行下去。那么宇宙的命运到底会怎样呢？发现答案的直接方法就是称一下宇宙的重量，即测量所有星系、所有星体的质量，计算它们所产生的引力，然后与宇宙的膨胀率做一下比较。如果宇宙正以逃逸速度膨胀（正如火箭以逃逸速度可以离开地球），那么就不会发生大坍缩发生。但是，困难在于没有人知道宇宙中究竟有多少物质。星体和星系比较容易计算，因为它们是可见的，但是自从20世纪30年代以来人们就知道宇宙中还存在一些看不见的物质——暗物质，其主要证据来自于天体动力学。科学家们对宇宙中各种星系的运动情况进行了精确测量，测量结果显示所有星系中星云的运动速度几乎都不随半径的大小而有所改变。根据牛顿定律，这表明在星系周围的空间中存在着看不见的晕，即暗物质。然而，在那些远离星系的空间中，用这种方法也无法探测到是否也有暗物质存在。

因此，后来科学家们想到了另外一个方法，即测量宇宙的膨胀速度是否减慢以及减慢了多少。这就是澳大利亚蒙特斯特罗姆观测台的年轻天文学家布莱恩·斯米特于1995年着手做的事情。斯米特与他的研究小组想一起测量出宇宙膨胀的减慢速度，即所谓的减速参数。这个想法很简单，只要先看一看附近的宇宙并测量一下它的膨胀速率，然后再对更远的宇宙采用同样的方法，最后将两者作一个比较就可以了。与此同时，美国加利福尼亚劳伦斯-伯克利实验室的索尔·玻姆特领导的研究小组也在进行类似的研究工作。他们都在寻找一种Ia类型的超新星爆发的产物，Ia类型的超新星不仅非常亮，而且很容易计算出它们与地球的距离。于是，只要测量出这些超新星与地球的距离，并且测量出它们的退行速度，就可以知道宇宙在不同时期的膨胀速度了。

这两个研究小组在1998年做研究的时候都发现了一些奇怪的事情。人们预计：宇宙的膨胀速度应当减慢很多或一点，这取决于宇宙中是否含有更多或更少的物质，而作为结果更远的超新星的亮度应当比较近的超新星显得比所期望的更亮。但是，事实上，它们更暗，好像宇宙正在加速膨胀！空间望远镜科学研究所的天文学家里斯在回忆他处理斯米特的数据时说："我一直在计算机上运行这些数据，而答案却毫无意义，我确信程序中存在一个小问题。"同时，玻姆特小组也在努力分析他们的数据。最终，两个小组得出了相同的惊人的结论，并同时宣布了他们的结果：宇宙正在加速膨胀。这一结果也暗示了宇宙中存在着某种具有反引力效应的暗能量，它们迫使星系间更快地彼此远离。

宇宙可以活多久

科学家们对于这个问题目前还无法给出准确的回答。根据大爆炸宇宙学介绍，宇宙最后有3种可

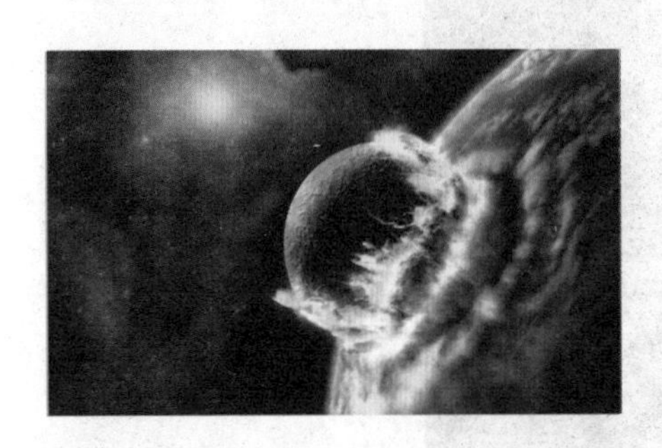

能结局：坍缩、永远膨胀、平衡。这取决于宇宙中所有物质的万有引力与大爆炸惯性的较量。如果有一刻大爆炸的剩余惯性不能抵抗宇宙中物质的万有引力的话，那么在引力的作用下宇宙就开始收缩了，最后缩回奇点。如果物质的万有引力永远不能抵抗大爆炸的剩余惯性的话，宇宙就将永远膨胀下去。这两股力量最后“正好”互相平衡。宇宙将进入一个永无止境、逐步缓慢膨胀的过程。如果是第一种情况发生，那么毫无疑问宇宙是有寿命的。但究竟有多少年的寿命还无法预测。目前宇宙年龄大约已有150

亿年。那即使明天开始收缩也还至少有150亿年。因为收缩过程和膨胀过程应该是一样的。但现在丝毫没有要收缩的迹象。所以应该远远大于150亿年。如果是第二、第三种情况发生，那么有可能宇宙是永无止境的。目前的所有理论想不出宇宙还有什么“死法”。

美国科学家介绍：宇宙至少还能“活”240亿年，比他们原先预计的要长。科学家们利用哈勃望远

镜的观察，计算宇宙中的暗能量，得出了上述新结论。美国斯坦福大学的天体物理学家安德雷·林德领导的研究小组之前曾经称，他们研究预计，宇宙的寿命还将有110亿年。但科学家介绍说，最近哈勃望远镜观察到了一些超新星，它们离我们远去的速度比以前观察到的超新星更快，这意味着宇宙膨胀速度比我们预计的更快。根据这些新发现，林德等发表的新论文认为，宇宙目前只度过了其生命的三分之一，它还能存活240亿年左右。科学家解释说，他们根据暗物质理论建立了一个估计宇宙年龄的模型。

根据该模型，宇宙最终将坍塌，并且算出了宇宙的寿命。不过鉴于人类迄今尚未直接观察到暗物质，也不清楚宇宙膨胀速度如何变化，因此上述结论只是建立在假设之上的理论结果。

星系

恒星系或称星系，是宇宙中庞大的星星的“岛屿”，它也是宇宙中最大、最美丽的天体系统之一。到目前为止，人们已在宇宙观测到了约一千亿个星系，在茫茫的宇宙海洋中，千姿百态、星罗棋布。它们中有的离我们较近，可以清楚地观测到它们的结构；有的非常遥远，目前所知最远的星系离我们有近两百亿光年。银河并不是宇宙中唯一的星系：通过各种方法，人们已经观察到的星系就有好几万个。不过，由于距离太遥远，它们看起来远不如银河那么壮丽。借助望远镜，它们看起来还只像朦胧的云雾。离银河系最近的星系——

大麦哲伦星云和小麦哲伦星云，距离我们银河系也有十几万光年。一般地，我们把除银河以外的星系，统称为“河外星系”。星系在早期曾被归到星云中，直到1924年，在准确测定了仙女座河外星系的距离后，才正式确立星系的存在。

星系的形状是多种多样的。我们可以粗略地划分出椭圆星系、透镜星系、漩涡星系、棒旋星系和不规则星系等五种类别。星系在太空中的分布也并不是均匀的，往往聚集成团状。少的三两成群，多的则可能好几百个聚在一起。人们又把这种集团叫做“星系团”。按照宇宙大爆炸理论，第一代星系大概形成于大爆炸发生后十亿年。在宇宙诞生的最初瞬间，有一次原始能量的爆发。随着宇宙的膨胀和冷却，引力开始发挥作用，然后，幼年宇宙进入一个称为“暴涨”的短暂阶段。原始能量分布中的微小涨落随着宇宙的暴涨也从微观尺度急剧放大，从而形成了一些“沟”，星系团就是沿着这些“沟”形成的。

星系和它内部的恒星都在运动中。我们都知道地球绕着太阳旋转，同时太阳也在绕银河系的中心运动，而同时银河系作为一个整体，本身也在运动着。在星系内部，恒星运动的方式有两种：它一面绕着星系的核心旋转，与此同时还在一定的范围内随机地运动。

星系的起源和演化，与宇宙诞生早期的演化密切相关。一般看法认为：当宇宙从猛烈的爆发中产生时，大量的物质被抛射到空间中，形成宇宙中的“气体云”。这些气体云本身处在平衡之中，但是在某种作用下，打破了原有的平衡，使物质聚集在一起，质量高达今天太阳质量的上千亿倍！这些物质团后来在运动中分裂开，并最终形成无数颗恒星。这样就形成了原始的星系。

一般认为星系形成的时期在一百亿年前左右。而关于星系的演化，历史上一度曾把星系形态的序列当成演化的序列，即认为星系从椭圆形开始，再逐渐发展成透镜型、漩涡型、棒旋型，最后变成不规则型。这种观点今天已基本上被推翻。目前的看法认为这一过程与恒星形成的力学机理相关，但也仍然停留在假说的阶段。

第二章

宇宙现象

一提起宇宙，人们就感觉它是一个神奇、神秘的海洋，在其中蕴藏了无数的奥秘。事实上，宇宙是一本十分费解的天书，而宇宙现象是宇宙中的一大奇观。

宇宙“黑洞”和宇宙“白洞”的差异是什么、宇宙“虫洞”的起源是怎么回事、宇宙中还有宇宙“长城”吗、宇宙中“泡沫”怎么解释、太阳也会“打喷嚏”吗等等，这些都是十分有趣的宇宙现象，正是由于这些宇宙现象的存在才为平静的宇宙增添了不少乐趣，了解宇宙现象，可以很好的认识宇宙的基本格局。

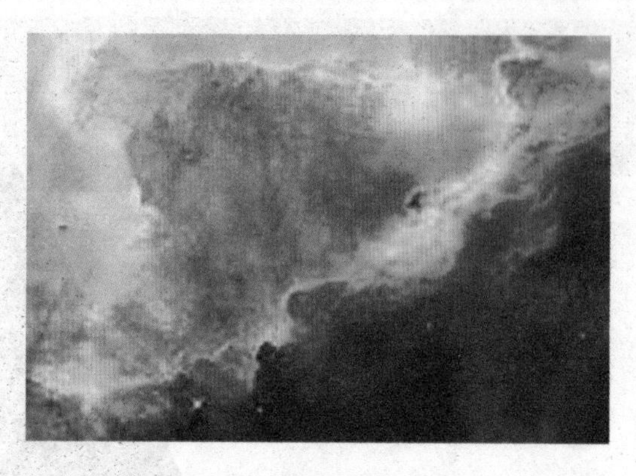

科技的进步必将带来人类探索世界的不断创新，相信更多的宇宙现象必将为人类所知，全面揭开宇宙的神秘面纱将成为人类研究宇宙的最终目的。

宇宙“黑洞”

广义相对论预言的宇宙“黑洞”是一种特别致密的暗天体。大

质量恒星在其演化末期发生塌缩，其物质特别致密，它有一个称为“视界”的封闭边界，黑洞中隐匿着巨大的引力场，因引力场特别强以至于包括光子在内的任何物质只能进去而无法逃脱。形成黑洞的星核质量下限约为太阳质量的3倍，当然，这是最后的星核质量，而不是恒星在主序时期的质量。除了这种恒星级黑洞，也有其他来源的黑洞——所谓微型黑洞可能形成于宇宙早期，而所谓超大质量黑洞可能存在于星系中央。

与别的天体相比，黑洞显得十分特殊。例如，黑洞有“隐身术”，人们无法直接观察到它，连科学家都只能对它的内部结构提出各种猜想。那么，黑洞是怎么把自己隐藏起来的呢？答案就是弯曲的

空间。我们都知道，光是沿直线传播的，这是一个最基本的常识。可是根据广义相对论，空间会在引力场的作用下弯曲。这时候，光虽然依旧沿着任意两点间的最短距离传播，但走的已经不是直线，而是曲线。形象地讲，好像光本来是要走直线的，只不过强大的引力把它拉得偏离了原来的方向。在地球上，由于引力场的作用很小，所以这种弯曲是微乎其微的。而在黑洞周

围，空间的这种变形非常大。这样，即使是被黑洞挡着的恒星发出的光，虽然有一部分会落入黑洞中消失，可另一部分光线会通过弯曲的空间中绕过黑洞而到达地球。所以，我们可以毫不费力地观察到黑洞背面的星空，就像黑洞不存在一样，这就是黑洞的隐身术。更有趣

的是，有些恒星不仅是朝着地球发出的光能直接到达地球，它朝其他方向发射的光也可能被附近的黑洞的强引力折射而能到达地球。这样我们不仅能看见这颗恒星的“脸”，还同时看到它的侧面、甚至后背。

黑洞通常是因为它们聚拢周围的气体产生辐射而被发现的，这一

过程被称为吸积。高温气体辐射热能的效率会严重影响吸积流的几何与动力学特性。目前观测到了辐射效率较高的薄盘以及辐射效率较低的厚盘。当吸积气体接近中央黑洞时，它们产生的辐射对黑洞的自转以及视界的存在极为敏感。对吸积黑洞光度和光谱的分析为旋转黑洞和视界的存在提供了强有力的证据。数值模拟也显示吸积黑洞经常出现相对论喷流也部分是由黑洞的自转所驱动的。天体物理学家用“吸积”这个词来描述物质向中央引力体或者是中央延展物质系统的流动。吸积是天体物理中最普遍的过程之一，而且也正是因为吸积才形成了我们周围许多常见的结构。在宇宙早期，当气体朝由暗物质造成的引力势阱中心流动时就形成了星系。即使到了今天，恒星依然是由气体云在其自身引力作用下坍缩碎裂，进而通过吸积周围气体而形成的。行星包括地球，也是在新形成的恒星周围通过气体和岩石的聚集而形成的。但是当中央天体是一个黑洞时，吸积就会展现出它最为壮观的一面。然而黑洞并不是什么

都吸收的，它也往外边散发质子。黑洞会发出耀眼的光芒，体积会缩小，甚至会爆炸。当英国物理学家霍金于1974年做此预言时，整个科

学界为之震惊。霍金的理论是受灵感支配的思维的飞跃，他结合了广义相对论和量子理论。他发现黑洞周围的引力场释放出能量，同时消耗黑洞的能量和质量。当黑洞的质量越来越小时，它的温度会越来越高。这样，当黑洞损失质量时，它的温度和发射率增加，因而它的质量损失得更快。这种“霍金辐射”对大多数黑洞来说可以忽略不计，因为大黑洞辐射的比较慢，而小黑洞则以极高的速度辐射能量，直到黑洞的爆炸。

广义相对论预言，运动的重物会导致引力波的辐射，那是以光的速度传播的空间——时间曲率的涟漪。引力波和电磁场的涟漪光波相类似，但是要探测到它则困难得多。就像光一样，它带走了发射它们的物体的能量。因为任何运动中的能量都会被引力波的辐射所带走，所以可以预料，一个大质量物体的系统最终会趋向于一种不变的状态。在恒星引力坍缩形成黑洞时，运动会更快得多，这样能量被带走的速率就高得多。所以不用太

长的时间就会达到不变的状态。这最终的状态将会是怎样的呢？人们会以为它将依赖于形成黑洞的恒星

的所有复杂特征，而不仅仅在乎它的质量和转动速度，而且恒星不同部分的不同密度以及恒星内气体的复杂运动起到了一定作用。如果黑洞就像坍缩形成它们的原先物体那样变化多端，一般来讲，对之作任何预言都将是非常困难的。然而，加拿大科学家外奈·伊斯雷尔在1967年使黑洞研究发生了彻底的改变。他指出，根据广义相对论，非旋转的黑洞必须是非常简单、完美的球形；其大小只依赖于它们的质量，并且任何两个这样的同质量的黑洞必须是等同的。事实上，它们可以用爱因斯坦的特解来描述，这个解是在广义相对论发现后不久的1917年卡尔·施瓦兹席尔德找到的。一开始，许多人（其中包括伊斯雷尔自己）认为，既然黑洞必须是完美的球形，那么一个黑洞只能

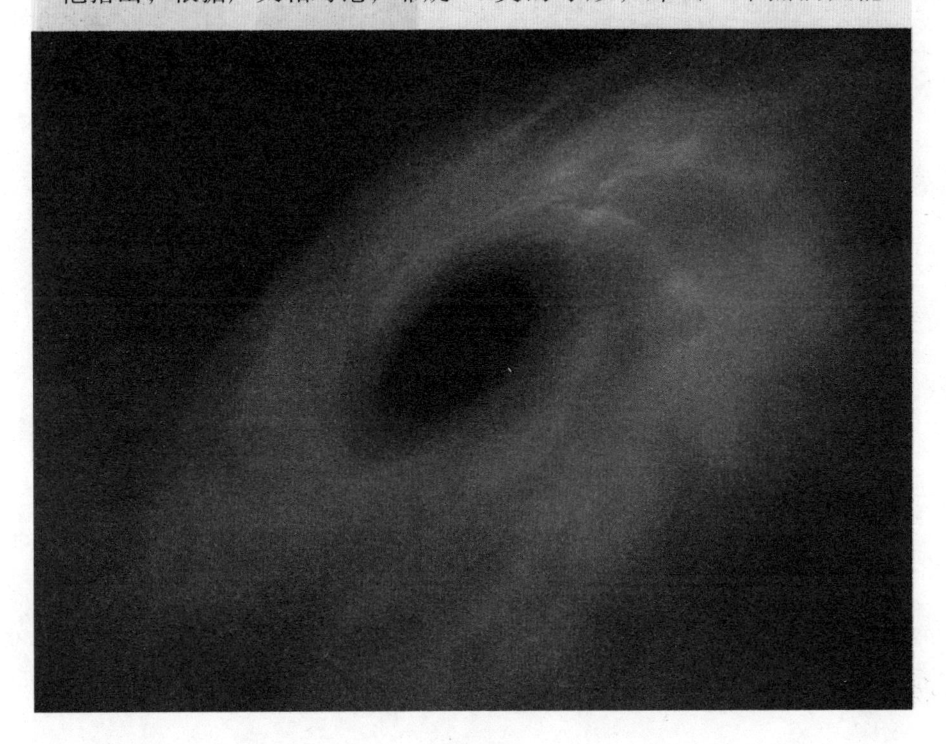

由一个完美球形物体坍缩而形成。所以，任何实际的恒星从来都不是完美的球形，只会坍缩形成一个裸奇点。然而，对于伊斯雷尔的结果，一些人，特别是罗杰·彭罗斯和约翰·惠勒提倡一种不同的解释。他们论证道，牵涉恒星坍缩的快速运动表明，其释放出来的引力波使之越来越接近于球形，到它最终达到静态时，就变成准确的球形。按照这种观点，任何非旋转恒星，不管其形状和内部结构如何复杂，在引力坍缩之后都将终结为一个完美的球形黑洞，其大小只依赖于它的质量。这种观点得到进一步的支持，并且很快就为大家所接受。伊斯雷尔的结果只处理了由非旋转物体形成的黑洞。1963年，新西兰人罗伊·克尔找到了广义相对论方程的描述旋转黑洞的解释。这些“克尔”黑洞以恒常速度旋转，其大小与形状只依赖于它们的质量和旋转的速度。如果旋转为零，黑洞就是完美的球形，这种解释就和施瓦兹席尔德的解释一

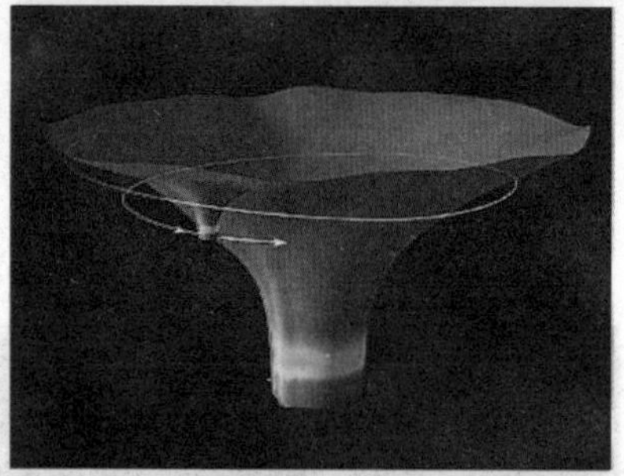

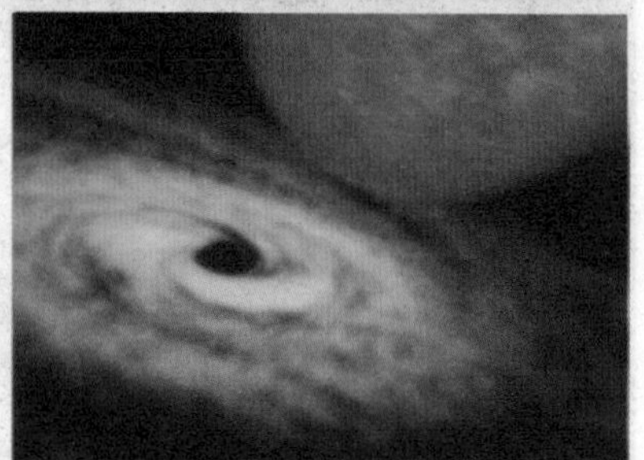

样。如果有旋转，黑洞的赤道附近就鼓出去（正如地球或太阳由于旋转而鼓出去一样），而旋转得越快则鼓得越多。由此人们猜测，如将伊斯雷尔的结果推广到包括旋转体的情形，则任何旋转物体坍缩形成黑洞后，将最后终结为由克尔解描述的一个静态。

黑洞是科学史上极为罕见的情形之一，在没有任何观测到的证据证明其理论是正确的情形下，作为数学的模型被发展到非常详尽的地步。然而，1963年，加利福尼亚的帕罗玛天文台的天文学家马丁·施密特测量了在3C273射电源方向的一个黯淡的类星体的红移。他发现引力场不可能引起这么大的红移——如果它是引力红移，这类星体必须具有如此大的质量，并离我们非常近，以至于会干扰太阳系中的行星轨道。这暗示此红移是由宇宙的膨胀引起的，进而表明此物体离我们非常远。由于在这么远的距离还能被观察到，它必须非常亮，也就是必须辐射出大量的能量。人们会想到，从产生这么大能量的唯一机制看来不仅仅是一个恒星，而是一个星系的整个中心区域的引力坍缩。人们还发现了许多其他类星体，它们都有很大的红移。但是它们都离我们太远了，所以对之进行观察太困难，以至于不能给黑洞提供结论性的证据。

宇宙“白洞”

白洞在理论上是预言的一种天体。其性质与黑洞正好相反。白洞有一个封闭的边界。与黑洞不同的

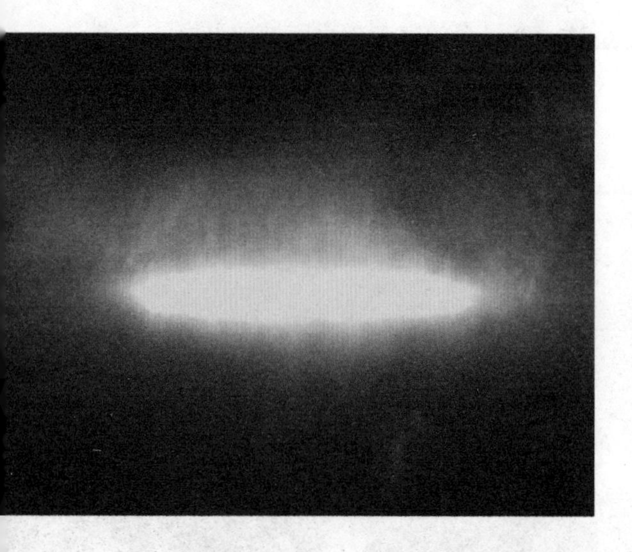

是，白洞内部的物质（包括辐射）可以经过边界发射到外面去，而边界外的物质却不能落到白洞里面来。因此，白洞像一个喷泉，不断向外喷射物质（能量）。白洞学说在天文学上主要用来解释一些高能现象。白洞是否存在，尚无观测证据。有人认为，白洞并不存在。因为，白洞外部的时空性质与黑洞一样，白洞可以把它周围的物质吸积到边界上形成物质层。只要有足够多的物质，引力坍缩就会发生，导致黑洞的形成。另外，按照目前的理论，大质量恒星演化到晚期可能经坍缩而形成黑洞；但并不知道有什么过程会导致白洞的形成。如果白洞存在，则可能是宇宙大爆炸时残留下来的。

简单来说，白洞可以说是时间呈现反转的黑洞，进入黑洞的物质，最后应会从白洞出来，出

现在另外一个宇宙。由于具有和“黑”洞完全相反的性质，所以叫做“白”洞。它有一个封闭的边界。聚集在白洞内部的物质，只可以向外运动，而不能向内部运动。因此，白洞可以向外部区域提供物质和能量，但不能吸收外部区域的任何物质和辐射。白洞是一个强引力源，其外部引力性质与黑洞相同。白洞可以把它周围的物质吸积到边界上形成物质层。白洞学说主要用来解释一些高能天体现象。目前天文学家还没有实际找到白洞，还只是个理论上的名词。

黑洞作为一个发展终极，必然引致另一个终极，就是白洞。其实膨胀的大爆发宇宙论中，早就碰到了原初火球的奇点问题，这个问题其实一直困扰着科学家们。这个奇点的最大质量与密度和黑洞的奇点是相似的，但他们的活动机制却恰恰相反。高能量超密物质的发现，显示了黑洞存

在的可能，自然也显示了白洞存在的可能。如果宇宙物质按不同的路径和时间走到终极，那么也可能按不同的时间和路径从原始出发，即在大爆发之初的大白洞发生后，仍可能出现小爆发小白洞。而且，流入黑洞的物质命运究竟如何呢？是永远累积在无穷小的奇点中，直到宇宙毁灭，还是从另一个宇宙涌出呢？

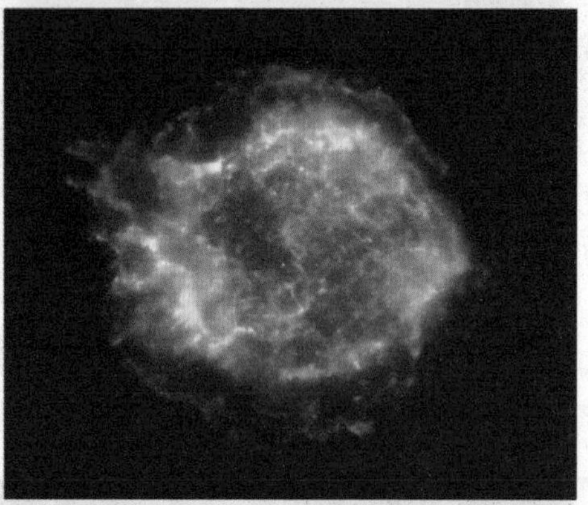

20世纪60年代以来，由于空间探测技术在天文观测中的广泛应用，人们陆陆续续发现了许多高能天体物理现象，例如宇宙X射线爆发、宇宙γ射线爆发、超新星爆发、星系核的活动和爆发以及类星体、脉冲星等等。

这些高能天体物理现象用人们已知的物理学规律已经无法解

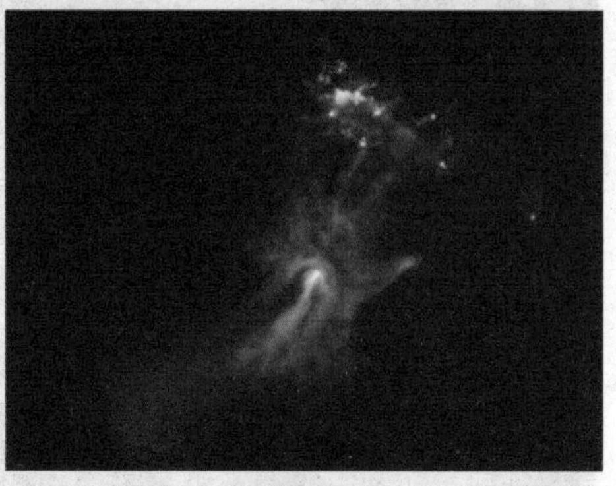

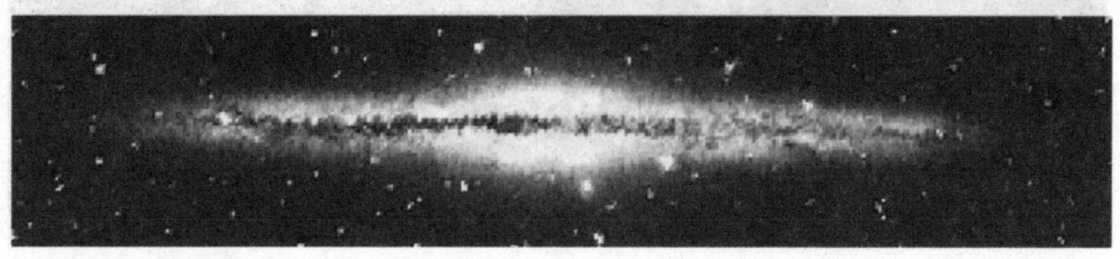

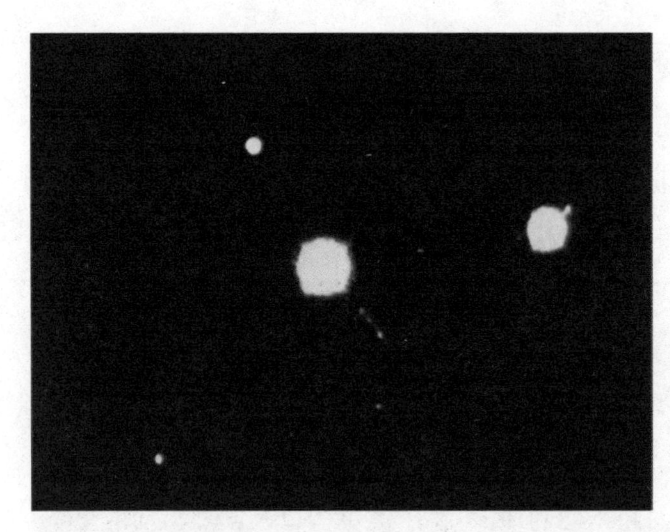

释。以类星体为例，类星体的体积与一般恒星相当，而它的亮度却比普通星系还亮。类星体这种个头小、亮度大的独特性质，是人们从未见到过的，这就使科学家们想到类星体很可能是一种与人们已知的任何天体都迥然不同的天体。

如何解释类星体现象呢？科学家们提出了各种各样的理论模型。前苏联的诺维柯夫和以色列的尼也曼提出的白洞模型，引起了大家的注意。于是白洞概念就这样问世了。

如果黑洞从有到无，那白洞就应从无到有。20世纪60年代的苏联科学家开始提出白洞的概念，科学家做了很多工作，但这概念不像黑洞这么通行，看来白洞似乎更虚幻了。问题的关键是：即便目前从恒星、星系演化为黑洞有数理可循，但白洞靠什么来触发的，目前却依然茫然无绪。无论如何宇宙至少触发过一次，所以白洞的研究显然与宇宙起源的研究有着更为密切的关系，因而白洞学说通常与宇宙学结合起来。人们努力的方向不在于黑白洞相对的哲学辩论，而在于它的物理机制问题。从现有状态去推求终末，总容易些，相反的从现有状态去探索原始，难免茫无头绪。

有人认为，类星体的核心可能是一个白洞。当白洞内中心点附近所聚集的超密态物质向外喷射时，就会同它周围的物质发生猛烈碰撞，从而释放出巨大的能量。因此，有些X射线、宇宙线、射电爆发、射电双源等现象，可能与白洞的这种效应有关。白洞目前还只是一种理论模型，尚未被观测所证实。

白洞学说出现已有一段时间，1970年捷尔明便提出它们存于类星体以及剧烈活动的星系中的可能性。相对论和宇宙论学者早已明白此学说的可能

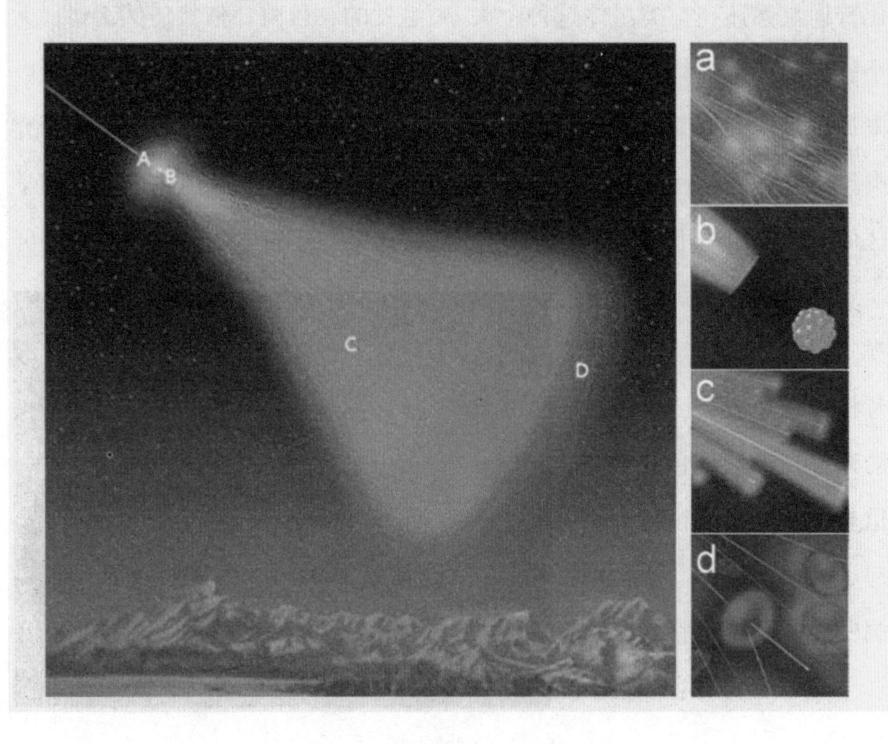

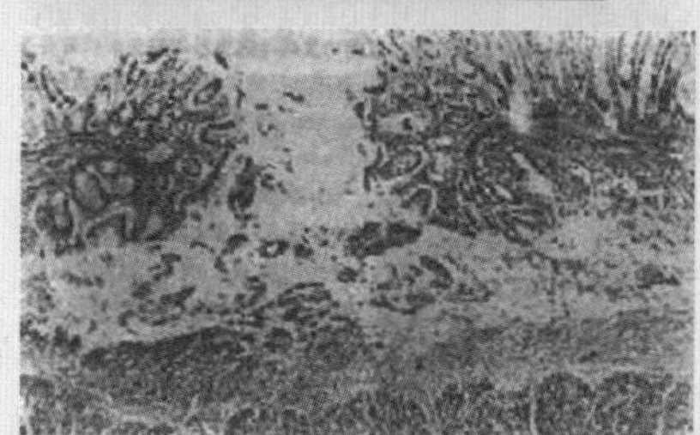

性，只是这与一般正统的宇宙观不同，较不易获得承认。某些理论认为，由于宇宙物体的激烈运动，或者星系一部喷出的高能小物体，它们遵守着开普勒轨道运动。这是一种高度理想化的推测，即一个地方有几个白洞，在星系核心互相旋转，偶然喷出满天星斗。喷出的白洞演化成新星系。而从星系团的照片中可观察到一系列的星系由物质连接起来。这显示它们是由一连串剧烈喷射所形成的。照此来说，白洞可能会像阿米巴原虫一样分裂生殖，由分裂而形成星系。然而这又和目前的理论相违背。

从此看来，星系的生成原因也有不同见解。有的天文学家便提出并接受宇宙之初便有不均匀物质的结块，而其中便包含了白洞的学说。宇宙的不同区域，其密度皆不同，收缩时首先在高密度的地方，达到了黑洞的临界密度，从此消失之后，宇宙不断收缩，使不断出现

高密度奇点。宇宙成为大量黑洞及周围物质的集合体。然而事实上，宇宙是膨胀而非收缩的，因此它是白洞而不是黑洞。在宇宙整体性源始的大奇点中存在着密度高的小质点，它们随着膨胀向四面八方扩散，大白洞大量爆发生成小白洞。星系等不均匀物体，也是由它生成的。不均匀物体之所以易和黑洞拉上关系，皆是因为它和膨胀现状相对称的宇宙中局部收缩的过程导致。目前宇宙中黑洞和白洞的存在是并行不悖的，是过程的两个端点而已。黑洞奇点是物质末期塌缩的终点，白洞物质的奇点是星系的始端。只不过各过程不是同时，而是先后交错进行的。

科学家们普遍认为，自从大爆炸以来，我们的宇宙在不断膨胀，

密度在不断减少。因此，现在正在膨胀着的天体和气体乃至整个宇宙，在200多亿年以前，是被禁锢在一个“点”（流出奇点）上的，而原始大爆炸后，开始向外膨胀，当它们冲出“视界”的外面，就成为我们看得见的白洞。

与上述相反的一种观点认为，由于原始大爆炸的不均匀性，一些尚未来得及爆炸的致密核心可能遗留下来，它们被抛出以后仍具有爆炸的趋势，不过爆炸的时间推迟了，这些推迟爆发的核心——“延迟核”就是白洞。

也有人认为，白洞可能是黑洞“转化”而来。就是说，当黑洞的坍缩到了“极限”，就会经过内部某种矛盾运动质变为膨胀状态——反坍缩爆炸，这时它便由向内积吸能量，转变为从中心向外辐射能量了。

最富吸引力的一种观点认为，像宇宙中有正负粒子一样，宇宙中也一定存在着与黑洞（负洞）相同和性质相反的白洞（正洞）。它们对应地共生在某个宇宙膨胀泡的泡壁上，分属两个不同的宇宙。

由于我们的宇宙中存在着10万多个黑洞，同样也可能存在着数目相等的白洞。于是，在宇宙继续膨胀过程中，白洞周围一些质量稍许密集区域就变得更加密集；黑洞周围的一些质量稍微稀薄的区域就变得更加空虚。

宇宙“虫洞”

“虫洞”理论是由阿尔伯特·爱因斯坦提出来的。那么，

“虫洞”是什么呢？简单地说，“虫洞”就是连接宇宙遥远区域间的时空细管。它可以把平行宇宙和婴儿宇宙连接起来，并提供时间旅行的可能性。虫洞也可能是连接黑洞和白洞的时空隧道，所以也叫“灰道”。

下面举个例子来说明：

假如说大家都在一个长方形的广场上，左上角设为A，右上角设为B，右下角设为C，左下角设为D。假设长方形的广场上全是建筑物，你的起点是C，终点是A，你无法直接穿越建筑物，那么只能从C到B，再从B到A。再假设假如长方形的广场上什么建筑物都没了，那么你可以直接从C到A，这对于平面来说是最近的路线。但是假如

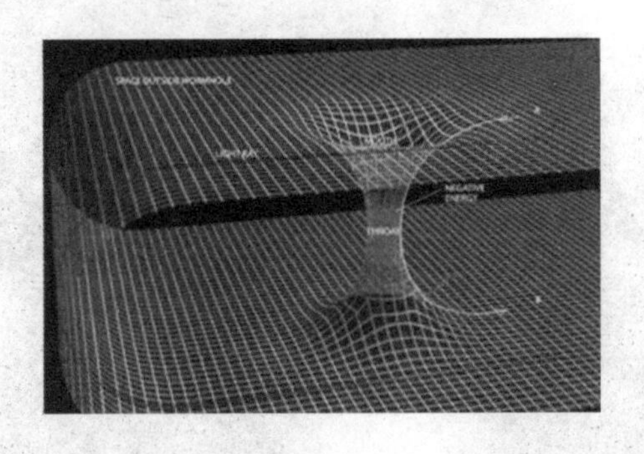

说你进入了一个虫洞，你可以直接从C到A，连原本最短到达的距离也不需要了。这就是所谓的虫洞。但是由于虫洞引力过大，人无法通过虫洞来实现“瞬间移动”的可能。

早在20世纪50年代，已有科学家对“虫洞”作过研究，由于当时历史条件所限，一些物理学家认为，理论上也许可以使用“虫洞”，但“虫洞”的引力过大，会毁灭所有进入的东西，因此不可能用在宇宙航行上。

随着科学技术的发展，新的研究发现，“虫洞”的超强力场可以通过“负质量”来中和，达到稳定“虫洞”能量场的作用。科学家认为，相对于产生能量的“正物质”，“反物质”也拥有“负质量”，可以吸去周围所有能量。像“虫洞”一样，“负质量”也曾被认为只存在于理论之

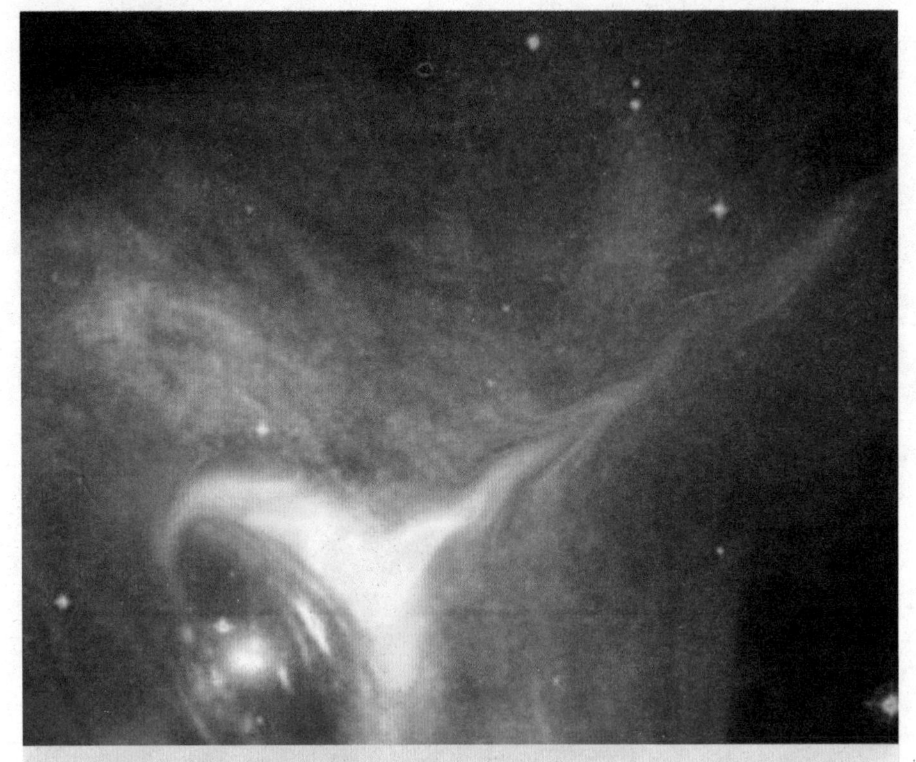

中。不过，目前世界上的许多实验室已经成功地证明了“负质量”能存在于现实世界，并且可以通过航天器在太空中捕捉到了微量的“负质量”。

据美国华盛顿大学物理系研究人员的计算，“负质量”可以用来控制“虫洞”。他们指出，“负质量”能扩大原本细小的“虫洞”，使它们足以让太空飞船穿过。他们的研究结果引起了各国航天部门的极大兴趣，许多国家已考虑拨款资助“虫洞”研究，希望“虫洞”能实际用在太空航行上。

宇航学家认为，“虫洞”的研究虽然刚刚起步，但是它潜在的回报不容忽视。科学家认为，如果研究成功，人类可能需要重新估计自己在宇宙中的角色和

位置。现在，人类被“困”在地球上，要航行到最近的一个星系，动辄需要数百年时间，是目前人类不可能办到的。但是，未来的太空航行如果使用“虫洞”，那么一瞬间就能到达宇宙中遥远的地方。

据科学家观测，宇宙中充斥着数以百万计的“虫洞”，但很少有直径超过10万千米的，而这个宽度正是太空飞船安全航行的最低要

求。“负质量”的发现为利用“虫洞”创造了新的契机，可以使用它去扩大和稳定细小的“虫洞”。

科学家指出，如果把“负质量”传送到“虫洞”中，把“虫洞”打开，并强化它的结构，使其稳定，就可以使太空飞船通过。

虫洞的概念最初产生于对史瓦西解的研究中。物理学家在分析白洞解的时候，通过一个阿尔伯特·爱因斯坦的思想实验，发现宇宙时空自身可以是不平坦的。如果恒星形成了黑洞，那么时空在史瓦

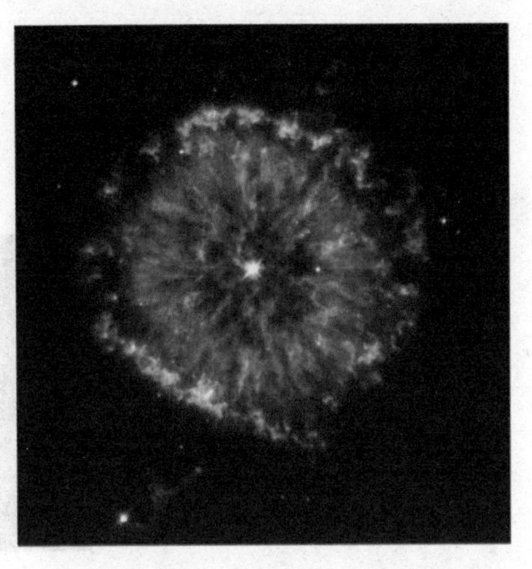

西半径，也就是视界的地方与原来的时空垂直。在不平坦的宇宙时空中，这种结构就意味着黑洞视界内的部分会与宇宙的另一个部分相结合，然后在那里产生一个洞。这个洞可以是黑洞，也可以是白洞。而这个弯曲的视界，就叫做史瓦西喉，它就是一种特定的虫洞。

宇宙“长城”

所谓的宇宙长城并不是某个星系，而是一大群星系的集合。星系有成群出现的现象，这叫星系群，而星系群也有成群出现的现象，叫做超星系团。例如我们的银河系就属于本星系群，本星系群是本超星系团的成员之一。通过观测发现，宇宙中的大量星系都集

中在一些特定的区域上，在这种极大的尺度结构上看去就像是长长的链条，所以叫宇宙长城，这可比星系的尺度要大的多。

以普林斯顿大学的天体物理学家J.理查德·格特为首的一组天文学家启动了一个名为斯隆数字天空观测计划的项目，利用新墨西哥州阿帕奇角天文台的大型望远镜，对1/4片天空中的100万

个星系相对地球的方位和距离进行了测绘，然后以航海家的心情把它们描绘在一张《宇宙地图》上面。目前，这份地图的草图已经发布了第三版。这幅利用了全

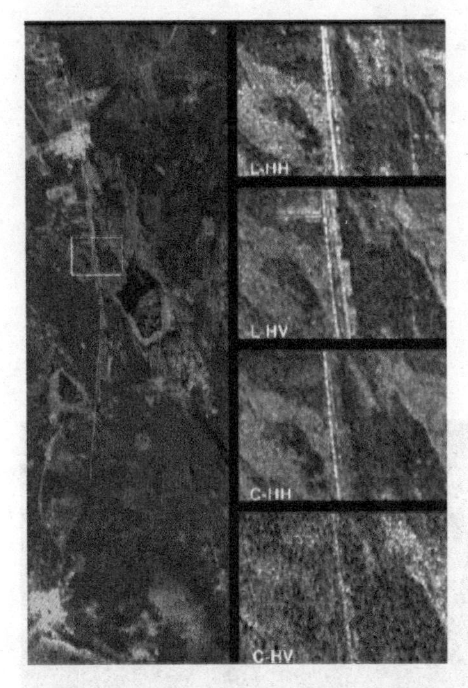

球最新天文观测数据的宇宙地图，揭露了一个令所有宇宙学家吃惊的庞然大物——一条长达13.7亿光年的由星系组成的宇宙长城！

要想对13.7亿光年这个数字产生一点感觉，我们还应该知道整个宇宙有多大：在理论上我们能够看到的整个宇宙的大小恰好在137亿光年左右。这就是说，那条宇宙长城延绵达整个宇宙的1/10！

正是在这个第三版地图上面，天文学家惊讶地看到了这个被命名为“斯隆”的巨大无比的由星系组成的“长城”。这样一种条带状的星系长城并不是第一次发现，在1989年，天文学家格勒和赫伽瑞领导的一个小组，就从星系地图上面发现了一个显眼的由星系构成的条带状结构。这个结构长约7.6亿光年，宽达2亿光年，而厚度为1500万光年，隐然就是一条不规则的薄带子。天文学家们形象地把它叫做“长城”，后来就被人称为“格勒–赫伽瑞长城”。

第一个在《宇宙地图》上面看到这个长城存在的天文学家，肯定心底下暗暗地一惊，因为表面看起来，在宇宙当中存在这么庞大的一个天体结构，隐隐约约是和我们现在的宇宙学理论有冲突的。

宇宙“泡沫”

在宇宙大爆炸中形成的物质，主要是氢和氦，它们开始弥漫在宇宙中。随着宇宙的膨胀和温度的逐渐降低，在重力作用下收缩成一大团一大团氢氦云。在重力作用下继续收缩，大云团逐渐分裂成较小的云团，物质密度逐渐增加，云团因相互之间的重力作用而旋转。这样不断分裂-收缩，在氢氦云团的内部，因物质重力作用的相互挤压，

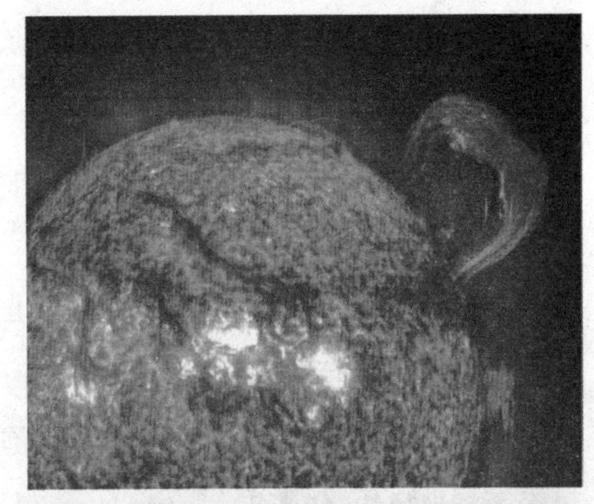

使温度不断升高，当温度升高到能使氢发生聚变反应时，它便成为一颗恒星。有些恒星在旋转中甩出一些物质，则逐渐集合成行星和卫星。宇宙中的主要可见物质，就是这些恒星，以及由它演变而来的其他天体，如黑洞等。宇宙中物质通过这种发展过程形成宇宙的泡沫状大结构。

我们从探测的角度，倒着来说宇宙的泡沫状大结构。太阳是颗单星，但宇宙中的多数恒星常常是两颗、三四颗、十几颗到几十万颗聚集在一起，分别叫双星、聚星和星团。所以恒星并不是均匀分布在宇宙中的。

单星、双星、聚星和星团也不是均匀分布的，它们分别聚集在一起形成星系，任凭宇宙膨胀也不散开。太阳所在星系叫银河系，共有1000多亿颗恒星，其中包括约1000个星团。

在宇宙中，共有1000多亿个像银河系这样的星系，此外还有

一些独立的星团和星云。星系和独立的星团、星云还不是均匀分布的，它们又分别聚集成星系群或星系团。银河系所在的叫本星系群，半径约300万光年。星系群和星系团仍不是均匀分布的，它们又分别聚集成超星系团。本星系群属本超星系团，半径约3亿光年。

探测表明，超星系团还不是最大的群体，在距银河系约2亿光年的地方有一个巨大的引力源在牵引着本超星系团。这个大牵引者可能是许多超星系团组成的超星系团集团。

上述的不均匀分布形成了宇宙的泡沫状大结构。星系密集的地方是泡沫壁，即星系膜或星系纤维，它们形成“星系长城”。而几乎没有星系的地方是泡沫结构中的大泡泡，被称为“宇宙空洞”，宇宙空洞的直径达1～3亿光年。

宇宙的泡沫状大结构并不表示宇宙中的物质分布不均匀。就宇宙整体而言，它在各个方向上物质分布的均匀度达十万分之一。

第三章

宇宙成员探索

宇宙本是一个让人听起来十分浩瀚的词汇，是一个大家庭，在这个家庭中包含了众多的成员，那么究竟有多少星星每天闪烁在这深邃的太空中呢？人们一直期待着这个问题的答案。

现在人类使用现有的天文仪器所观测到的宇宙成员数目还不是一个精确的数字，毕竟科学技术的发展还是有一定局限性的，需要不断完善的。目前天文学家所观测到的宇宙成员数量为约700万亿。即使是在地球最黑暗的地方，人们用肉眼观测天空，也只可看到包括恒星和太阳系部分行星在内大约5000颗星星，而在灯火辉煌的城市中，可看到的恒星就只有100颗左右了。

这样的数量在我们的眼里就像是浩瀚沙漠里的沙子一般的多。本章将介绍宇宙成员以及星系种类，深入探讨有关宇宙成员的知识，帮助读者认识广袤繁星中成员的内幕。

宇宙中有多少星

或许在很早以前就有人对这样的问题十分好奇：天空中的星星

到底有多少？在黑暗无云的夜空可以用肉眼看到几千颗单个的恒星，如果使用不是很高倍数的业余望远镜，则可以数出几百万颗恒星。显然，利用高品质“专业”望远镜，则可以看到更多数目的恒星。

在悉尼举行的国际天文学联合会上，澳大利亚天文学家称，整个可见宇宙空间大约有700万亿亿颗恒星。

即使是在地球最黑暗的地方，人们用肉眼观测天空，也能可看到包括恒星和太阳系部分行星在内大

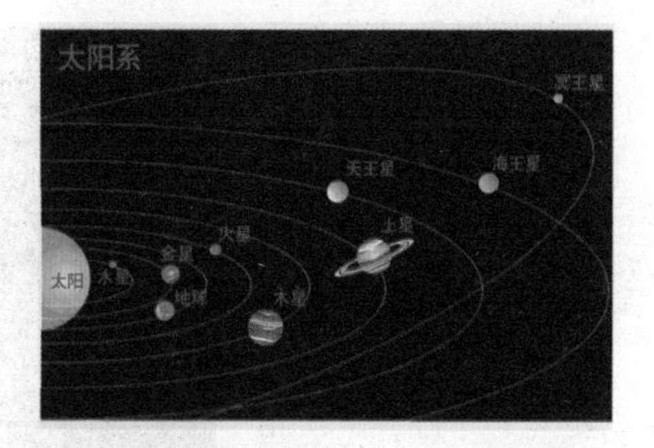

约5000颗星星，而在灯火辉煌的城市中，可看到的恒星就只有100颗左右了。

澳大利亚天文学家利用天文望远镜，首先选择宇宙的一小块区域

进行观测，测量这块区域中所有星系的亮度，并计算出所有星系中包含的恒星数量，然后再运用这一计算结果推出整个可见宇宙中的恒星数量。天文学家相信，这一数字要比以前的估算精确很多。

澳大利亚天文学家在悉尼国际天文学联合大会所报告的恒星数量，确实可以被称作天文数字。700万亿亿颗恒星就是指在数字7以后加22个零。这一数字要比地球上沙滩和沙漠中所有沙粒的数量还要多。澳大利亚国立大学德莱佛博士说：“宇宙中实际恒星的数量可能比这一数字还要大，甚至可能是无可计数的。”他相信，宇宙中很多恒星都有行星，而其中一些行星上还可能有生命存在。但由于它们离地球十分遥远，人类可能永远都无法与生存在那里的生物有任何联系。

1989年，欧洲航天局曾将一个名为Hipparcos的太空望远镜送入近

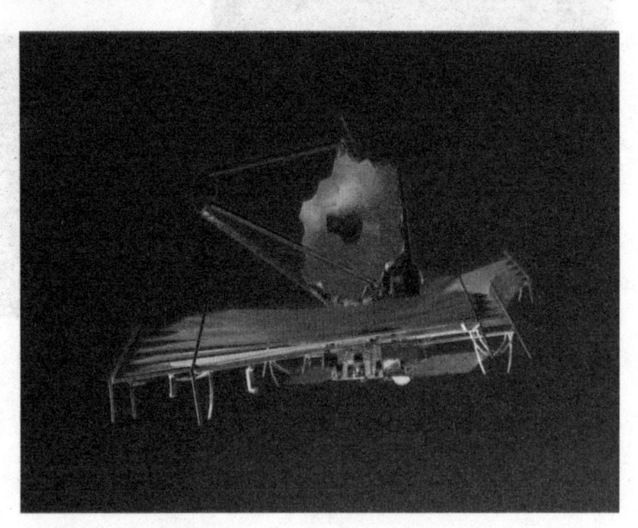

地轨道，它编制了一幅我们银河的恒星图，在4年时间里它计算了我们银河中250多万颗恒星。在欧洲航天局计划中，到2012年准备发射一个新型Gaia太空望远镜，它将继续Hipparcos太空望远镜的工作，科学家期望，它能将银河中的恒星数目计算到10亿颗。尽管天文学家估计，在我们的银河系中大约有近1000亿颗恒星，而宇宙中的银河系多达几百万个。

确实，现代望远镜不能看清其他银河系中的单个恒星，即使是詹姆斯·韦伯太空望远镜也无法做到这一点。

银河的星云包括一千八百万颗星星，一颗星就是一个太阳系的

中心。假如那个观察者特别注意这一千八百万个天体中间的一个最普

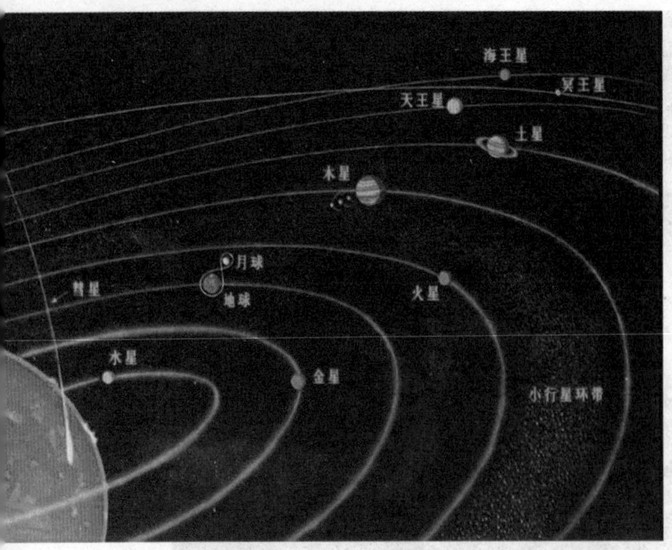

通、最暗淡的四等星，特别注意一个叫做太阳的天体的话，那么太阳系开始形成时的各种现象就会一个接着一个地在他眼底出现了。的确，当时的太阳还是气体状态，是由无数运动的分子组成的。他会看见它正在围着自己的轴旋转，完成凝聚工作。这个符合力学定律的运动，随着体积的缩小越来越快，于是，到了某一个时刻，把分子推向中心的向心力被离心力战胜了。

这时候，在观察者眼底下出现了另外一个现象，即赤道表面的分子脱离了太阳，像投石器的绳子突然断了，石头飞出去一样，环绕着太阳形成几个同心光环，仿佛现在的土星光环。这些环状宇宙物质围着它们的共同中心旋转，随后也轮到它们分裂后组成一团团新的云雾状物质，也就是说组成一个个行星。

假如观察者这时候集中注意力去观察这些行星的话，就会看见它们和太阳一样自成系统，产生一个或者几个环状宇宙物质，这就是我们叫做卫星的低级天体的来源。

所以，从原子到分子，从分子到云雾状物质，从云雾伏物质到星云，从星云到主星，然后再从主星到太阳，从太阳到行星，从行星到卫星，我们看见了宇宙太初时期的天体所经过的一系列变化。

太阳虽然仿佛迷失在无边无际的恒星世界里，但是根据现代的科学理论，它是和银河这个星云密切地联系在一起的。这个太阳系的中心尽管在太空中显得那样渺小，可是事实上却很庞大，因为太阳的体积等于地球的一百四十万倍。绕着太阳旋转的有八个行星，那是它在创世之初生下来的八个“孩子”。从最近的算起，它们是：水星、金星、地球、火星、木星、土星、天王星、海王星。此外在火星和木星之间，还有许多有规则地运行着的比较小的物体，也许是一个碎裂成几千块的天体，现在能够用望远镜看到的就有九十七个在这几个被太阳用伟大的引力定律束缚在椭圆形轨道上的“仆人”中间，有几个也有自己的卫星。天王星有八个卫星，土星有八个卫星，木星有四个卫星，海王星大概有三个卫星，地球有一个卫星，月球是太阳系中最不重要的卫星之一。

星系的种类

星系，是宇宙中庞大的星星的“岛屿”，它也是宇宙中最大、

最美丽的天体系统之一。到目前为止，人们已在宇宙观测到了约一千亿个星系。它们中有的离我们较近，可以清楚地观测到它们的结构；有的非常遥远，目前所知星远的最系离我们有近两百亿光年。

◎ 星云、星系、星团的定义和区别

星系：在茫茫的宇宙海洋中，千姿百态的“岛屿”，星罗棋布，上面居住着无数颗恒星和各种天体，天文学上称为星系。我们居住的地球就在一个巨大的星系——银河系之中。在银河系之外的宇宙中，像银河这样的太空巨岛还有上亿个，它们统称为河外星系。

星团：在银河系众多的恒星中，除了以单个的形式，或组成双星、聚星的形式出现外，也有以更多的星聚集在一起的方式组成了星团。星数超过10颗以上，彼此具有一定联系的恒星集团，称为星团。使这些恒星团结在一起的是引力。星团的成员多的可达几十万颗。它们又可以分成疏散星团和球状星团两类。银河系中遍布着星团，只是不同的地方星团的种类也不同。

星云：星云是一种由星际空间的气体和尘埃组成的云雾状天体。星云中的物质密度是非常低的。如果拿地球上的标准来衡量，有些地方几乎就是真空。但星云的体积非常庞大，往往方圆达几十光年。因此，一般星云比

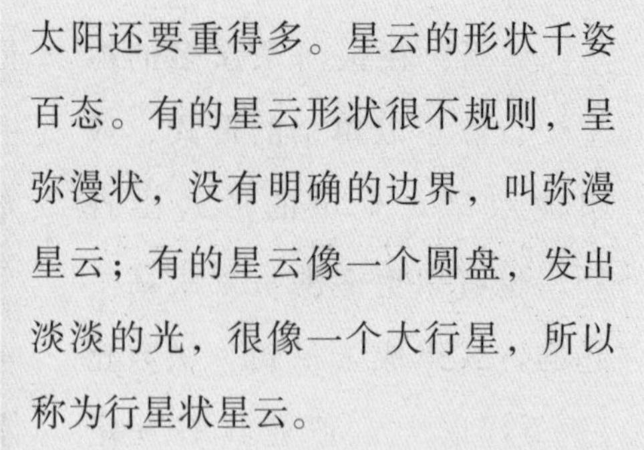

太阳还要重得多。星云的形状千姿百态。有的星云形状很不规则，呈弥漫状，没有明确的边界，叫弥漫星云；有的星云像一个圆盘，发出淡淡的光，很像一个大行星，所以称为行星状星云。

◎ 星系的类别

宇宙中没有两个星系的形状是完全相同的，每一个星系都有自己独特的外貌。但是由于星系都是在一个有限的条件范围内形成的，因此它们有一些共同的特点，这使得人们可以对它们进行大体的分类。在多种星系分类系统中，天文学家哈勃于1925年提出的分类系统是应用得最广泛的一种。哈勃根据星系的形态把它们分成三大类：椭圆星系、旋涡星系和不规则星系。椭圆星系分为七种类型，按星系椭圆的扁率从小到大分别用E0–E7表示，最大值7是任意确定的。该分类法只限于从地球上所见的星系

外形，原因是很难确定椭圆星系在空间中的角度。旋涡星系分为两族，一族是中央有棒状结构的

棒旋星系，用SB表示；另一种是无棒状结构的旋涡星系，用S表

示。这两类星系又分别被细分为三个次型，分别用下标a、b、c表示星系核的大小和旋臂缠绕的松紧程度。不规则星系没有一定的形状，而且含有更多的尘埃和气体，用Irr表示。另有一类用S0表示的透镜型星系，表示介于椭圆星系和旋涡星系之间的过渡阶段的星系。

宇宙中的大部分大星系都是旋涡星系，其次是椭圆星系，不规则星系占的最小。旋涡星系自转得比较快，其盘面中含有大量尘埃和气体，这些物质聚集成能供恒星形成的区域。这些区域发育出含有许多蓝星的旋臂，所以盘面的颜色看上去偏蓝。而在其棒状结构和中央核球上稠密地分布着许多年老的恒星。与旋涡星系相比，椭圆星系自转得非常慢，其结构是均匀而对称的，没有旋臂，尘埃和气体也极少。造成这种局面的原因是早在数十亿年前恒星迅速形成时就已经将

椭圆星系中的所有尘埃和气体消耗完了。其结果是造成这些星系中无法诞生新的恒星，因此椭圆星系中包含的全都是老年恒星。

宇宙中约有十亿个星系的中心有一个超大质量的黑洞，这类星系被称为“活跃星系”。类星体也属于这类星系。

此外还有一类个子矮小的“矮星系”。这类星系不像大型星系那样明亮，但其数量非常多。银河系附近有许多矮星系，其数量比所有其他类型星系之和还要多。在邻近的星系团中也已发现了大量的矮星系。其中一些形状规则，多半都含有星族II的恒星；形状不规则的矮星系一般含有明亮的蓝星。

星系的形状一般在其诞生之时就已经确定了，此后一直都保持着相对稳定的状态，除非发生了星系碰撞或邻近星系的引力干扰才会有所变化。

第四章

宇宙生命探索

千百年来，人类一直在地球上生存，生生不息。随着人类认识世界程度的不断提高，人类开始对地球以外的世界充满了好奇，对探索外星生命充满了美好的遐想，期望在地球以外可以找到外星生命，但在这茫茫宇宙中，哪里才是外星人的家园呢?

自古火星就以它特有的颜色，穿行于众星之间而引起人类的注意，特别是火星的天文学、物理学条件与地球相似，所以长期以来被许多人推测为是最有可能存在生命的另一颗星球。水星乍听起来是有水的，但是事实上真的如它的名字一般存在水源吗？玛雅文明很早就开始使用金星历法了，难道金星是玛雅人生活得家园吗？火星、水星以及金星上生命的探索，对于生命起源、生命在宇宙中的存在等自然科学、哲学的重大课题，具有十分重要的意义。

火星上是否有生命

多少年来，人类对于火星上是否存在生命一直给与了相当多的关注。“火星快车”发回的最新数据

显示，火星上存在着大量的冰和活火山。这些都是生命存在的基本条件：水和热量。同时，有科学家宣称，在3万年前的阿拉斯加的冰川中发现了活的细菌，这又掀起了有关细菌的争论。在欧洲宇航局的一次调查中，75%的科学家认为火星上曾经有细菌，25%的科学家相信细菌可能仍旧生活在火星上。

科学家通过分析“火星快车”传回的图片发现，火星的高山冰川上有冰的运动的新近信息，且

这些信息非常近似地球上非洲最高的山——乞力马扎罗山的冰的信

息和运动。

无独有偶，在另外一份报告中，科学家揭示了之前不为人知的信息：火星上的另一座火山“海卡特斯”火山在35万年前左右经历过

一次大爆发。科学家还在“海卡特斯”火山的喷口处辨别出约500万到2400万年前冰川沉淀物的痕迹。之后研究人员发现火星火山五个主要的火山喷口在200万年前曾不断地一点一点活动着。科学家推测，这些火山有可能现在还是活着的。“火星处于动态状态中。我们看到火星上的气候在变化着，驱使地球演进的地质力量也同样作用于火星。”美国布朗大学的科学家詹姆士·赫德说。

赫德还到南极洲研究冰川，包

括能够抗陆地干旱和抗冷冻的细菌。火星的平均温度估计为零下67℃，这个温度和南极洲的接近。“我们现在看到火星上存在可能和生命相关的地质特征。但是揭示究

竟火星上是否有生命还需漫长的研究。我们现在分析的照片上的冰川沉淀物将来可被火星探测器采集回地球。如果我们拥有火星上的冰，那么破译火星是否有生命存在就为之不远了。”赫德表示为了探索火星的秘密，近30年来已有20余只探测器对火星作过科学探测，其中主要是美国的“水手9号”“海盗1号”和“海盗2号”。这些探测器拍了数千张照片。每个探测器都能自动地从火星上采集土壤样品进行实验，并将实验结果传回地球。实验结果表明：火星上没有江河湖海，土壤中也没有植物、动物或微生物的任何痕迹，更没有“火星人”等智慧生命存在。

即便是如此，人们探索火星生命的热情并未完全冷却下来，科学家还在规划未来，希望有一天在火星上建立起适于生命生存的环境。

◎ 探索100年悬而未决的问题

1877年，意大利天文学家斯基帕雷利宣布，通过望远镜观测在火星上发现了河道。这个词“Canal”在英文中被译成了“运河”，既然是运河，就一定是智慧的“火星人”开凿的。从此，火星上有人的说法不胫而走，同时也就揭开了持续100年的关于火星有无生命论战的序幕。20世纪初，哈佛大学天文学家洛威尔为观测火星设置了专门的天文台。他确信“火星人”为了把水从极冠引到荒漠而开凿了运河，甚至还算出了火星上工程师设计的落差系统功率至少是涅加尔大瀑布功率的4000倍。此后，不少以“火星人”为主角的文学作品相继问世，许多人发誓要找到“火星人”。1948年3月14日，在厄瓜多尔首都基多还发

生过一场关于“火星人”的大闹剧：电台播音员模仿市长的口气宣布火星人已攻占了地球，于是全城大乱，死伤了数百人。

光谱方法在天文学中得到广泛应用后，也被用来研究火星和火星生命问题。一位号称火星专家的苏联科学院通讯院士吉霍夫对火星进行了光谱观测，声称看到火星上有植物的枯荣变化。另一位苏联著名天文学家什克洛夫斯基，在一次科学报告会后答记者问说，火星的两颗卫星是火星人发射的，消息迅速传开，于是火星上有高级生物的说法更加诱人了。人们探索火星生命的热情经久不衰，成为推动空间航行的巨大动力。为直接或间接地考察火星，共发射了13个空间飞行器。1971年“水手”9号飞船发现火星表面可能存在液态水，这使许多一度心灰意冷的人们重新燃烧起希望之火。在此之前，他们根据“水手”4、6、7号飞船报告的“火星表面异常寒冷、死气沉沉，存在生命几率非常小”的结果，已经感到失望。

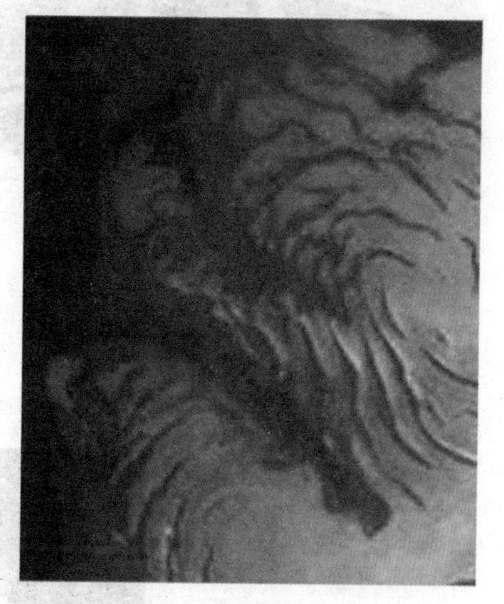

发射“水手”9号的目的并不是要直接调查火星表面是否有生命，而是为以后的火星着陆器预先

寻觅一个温暖、尽可能潮湿、位置很低而大气压力最高、最有可能存在生命的理想着陆位置。1976年，由一万多名科学家、工程技术人员和工人参加研制的两艘“海盗号”登陆器，携带着生物化学、化学、物理学、地质学和气象学等多种精密测量仪器，经过一年多的长途飞行，终于在火星上最有可能存在生命的地点着陆了。刚一着陆，登陆器上所配备的为观测有无活的动、植物的广角照相机就工作起来，但屏息守候在电视屏幕前的科学家们并未看到有任何生物活动的迹象。接着，着陆器伸出带有铲斗的三米长的铁臂，抓取火星土进行了三项生物化学试验。即气体交换、示踪放出和示踪同化试验。前两个试验是将配制的营养物质和火星土混合起来，使其发生化

学反应，如果有生命物质就会发生生物化学作用，并用不同方法可测定反应产物。第三个试验是用一模拟太阳辐射的灯利用光照射火星土试样，如果有生命物质就会发生光合作用，并通进含有放射性碳原子的二氧化碳和一氧化碳气体，这样碳原子就会进到火星土试样中，因此，测定试样中放射性碳原子的含量能了解二氧化碳或一氧化碳进入土中的情况。这三项试验都是通过一定的化学反应生成物来判断火星土中是否有生命物质的，其结果

远比地面观测或临近火星的飞船测定更准确、更直接。最后的结论是：生物试验表明，火星上不存在生命。

在人类探索火星生命的历史上，一些辛勤的观测者和埋头进行理论研究的人往往其热情超过理智。前者将受到欺骗的观测绘影绘声地进行描述，后者往往根据一些似是而非的研究结果不适当地加以

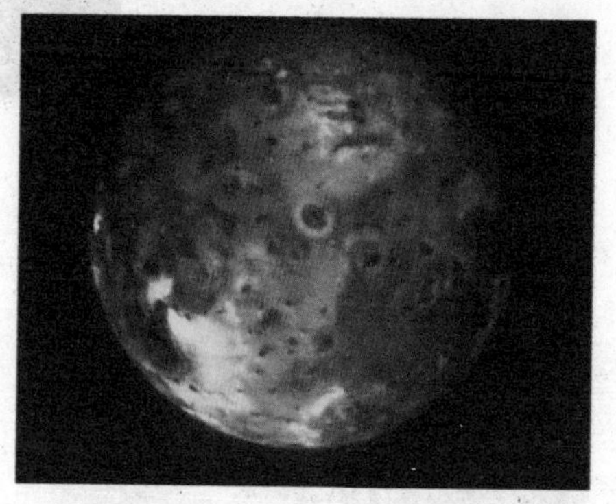

推论，从而得出火星存在生命的论断。与他们相反，也有一些慎重的学者持怀疑态度。如20世纪初洛威尔对火星上有运河深信不疑，而另一位杰出的天文研究工作者安东尼亚蒂，指出从未在火星上看到正确的几何图形。与吉霍夫议论持相反看法的天文学家费森科夫，根据

对火星物理、化学条件的深入分析，认为火星不可能存在生命，更谈不上植物。20世纪50年代初，俩人曾因坚持自己的观点而展开过激烈的争论。

◎ 火星生命存在的新论战

举世瞩目的“海盗”号生物试验表明火星上不存在生命。但是火星上有没有生命的问题，在新时代以新的科学成就为背景，又出现了新的论战。

1977年，英国两位科学家提出“海盗”号生物试验结果只能说明取样点不存在生命，由于取样不具有代表性，还不足以说明火星别处也不存在生命。他们认为，1971年“水手”9号飞船拍摄火星尘暴的紫外光谱才具有代表性。他们还根据著名英国天文学家霍伊尔近年来研究星际分子的结果，推测这种光谱是复杂有机物存在的证明，因此，他们的结论是火星上有生命。这就给火星存在生命的说法带来了新的活力。原来，火星上每年都有大规模尘埃风暴，使火星表面尘土以50～100米／秒的速度飞扬。“水手”9号飞船于1971年5月30日出发时，在地球用望远镜观测到的火星是一个清澈的球体，到9月23日发现火星有一块很大的黄色尘云开始升起，“水手”9号飞船进到火星轨道时，火星表面几乎全被很厚的尘云遮盖得看不见了。研究人员非常失望。但幸运的是这艘飞船携带了一台紫外光谱仪，测得了这次尘暴产生尘埃粒子散射太阳光的数据。这些数据就成为“海盗”号考察后探索火星上是否有生命问题的当务之急。

众所周知，氧化钛有多种晶形结构，以锐钛和金红石为多见。这两种结构属于同一结晶系，但晶格常数不同，后者较前者由于晶格较小故具有较大的稳定性和紧密度。

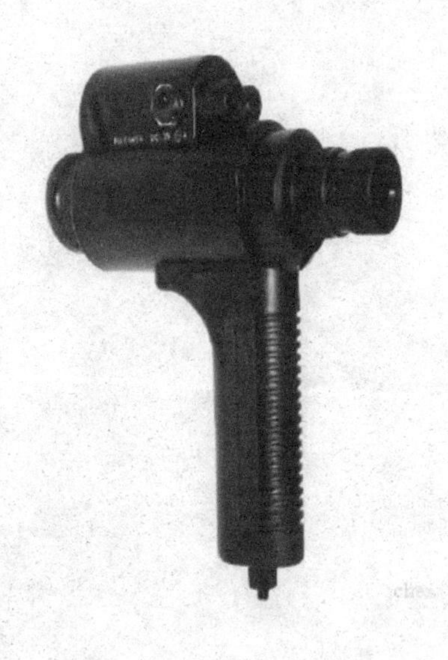

1978年，在北京玻璃研究所的工作人员进行了一项实验，就是利用新的真空蒸镀技术将锐钛和金红石蒸镀在熔融石英玻璃上，由于二氧化钛有不同晶形，因此要对蒸镀试片进行加温处理，以得到某种晶形物质，然后用X射线测定仪确定蒸镀物晶形，最后利用光谱仪器测定吸收光谱。结果表明锐钛吸收光谱与“水手”9号的探测结果一致。又有人通过量子化学计算得到二氧化钛紫外吸收光谱与我们的实验结果一致。因此，这就否定了英国科学家的结论。

二氧化钛对火星表面的化学性质会带来什么影响呢？为此我国科学家与美国科学家作了进一步的共同研究，认为正是因为二氧化钛的存在，即使火星上有复杂有机物，也会由于太阳光的作用而分解为简单有机物，并进一步分解为无机物。因此科学家们后来得出来的结论是：至少在目前，火星上不存在以碳为基础的生命物质。

水星上是否有生命

◎ 温度不适宜

水星最接近太阳，是太阳系八大行星中第一小行星。水星在直

径上小于木卫三和土卫六，但它更重。水星的自转周期是58.65天，水星在88个地球日里就能绕太阳一周，平均速度47.89千米，是太阳系中运动最快的行星。水星上的太阳看上去要比在地球上大2.5倍，太阳光比地球赤道的阳光还要强6倍。水星朝向太阳的一面，温度非常高，可达到400℃以上。这样热的地方，就连锡和铅都会熔化，何况水呢？但被向太阳的一面，长期不见阳光，温度非常低，达到零下173℃，在这里也不可能有固态的水。在水星最靠近太阳的一面，温度最高可达800多华氏度

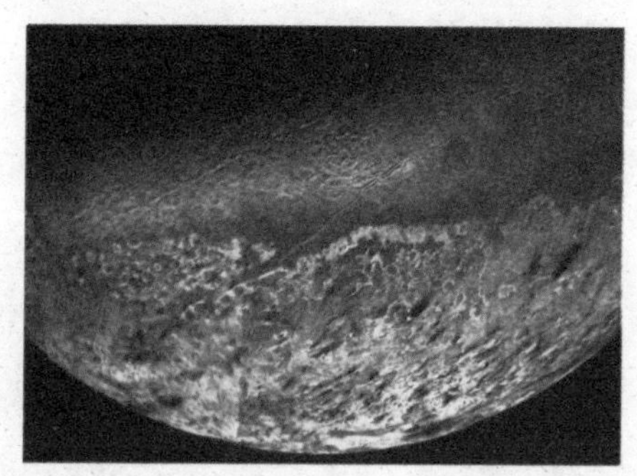

（425℃），这种环境下有冰存在着实令人震惊。对雷达来说，冰的反光性更高，据地面雷达显示，在水星极地永远得不到阳光照射的黑暗的陨石坑深处，可能有结冰的水沉积物存在。这些水可能来自水星的内部气体，或者是来自陨星相撞

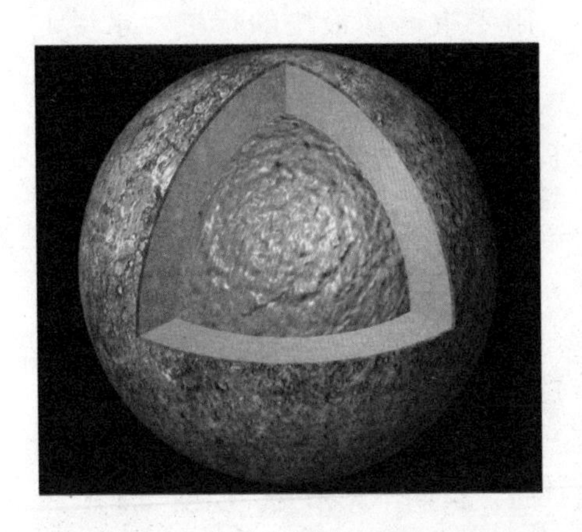

时产生的水汽。“信使号”飞船将在水星上永远处在阴暗处的极地陨石坑底部寻找氢。如果这艘飞船能发现氢，就说明它可能已经在这个像地狱的世界里发现了冰。水星上的温差是整个太阳系中最大的，温度变化的范围为90~700开尔文。

◎ 大气太稀薄

水星那令人难以置信的稀薄大气非常不稳定，经常从这颗行星的微弱重力的束缚中逃逸出去。现在科学家还不清楚水星的大气从哪里获得源源不断的补充。研究人员怀疑，水星大气中的氢和氦正是借助太阳风（太阳发出的带电超声波粒子流）被不断地带到这里。其他气

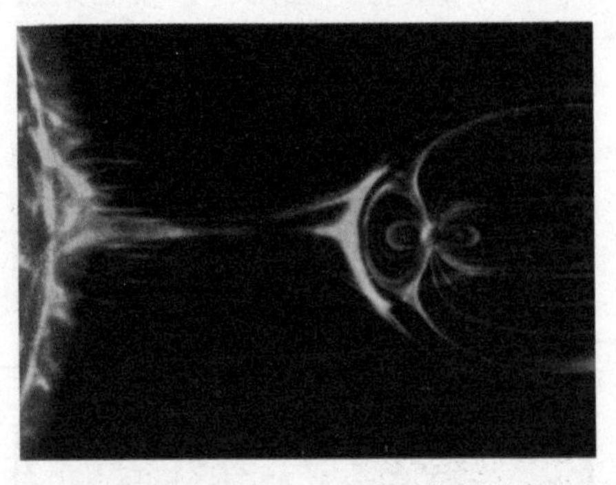

体可能是从水星表面蒸发出来的，或者是从这颗行星内部渗出来的，还有可能是被蒸发掉的陨石带来的。维拉表示，“信使号”将对这颗行星的大气进行近距离观测，以查明水星大气是如何产生的。

◎ 金属含量高

研究人员根据水星的密度极其大的特点，推断出一个惊人的数字——这颗行星铁含量丰富的内核的重量可能占整个星体重量的近三分之二，它是地球、金星或火星重量的两倍。换句话说就是，水星的内核可能占据这颗行星直径的四分之三。有关这种与众不同的密度的一种解释是，在数十亿年前的猛烈撞击过程中，水星最初的外表被剥落，这次撞击还把水星移向太阳，到达现在所处的位置。另一个理论显示，水星就是在现在的位置形成的。为了查明两个有关水星起源的理论哪个更正确，“信使号”的小型化科学仪器将探测该行星的地质状况。了解水星的形成过程将有助于天文学家进一步认识行星的演变过程。

金星曾是人类的故乡吗

中国古代的天文学家对金星运行做过长期观察，它作为启明星出现236天，然后转到太阳的背后，隐藏90天，再作为长庚星出现250天，又躲起来，以阴面对着地球8天，共以584天为一个地球人的视周期。在太平洋彼岸，中美洲的玛雅人更为直接地确认他们的祖先来自金星，有一口石棺上还保存着一位宇航员的浮雕。玛雅人使用过金星历法，这使世界各国的探秘者百思不解，因为地球上确实用不着这种以584天为一年的外星历。玛雅人为什么唯独对金星如此关注呢？他们祖先的塑像为何像宇航员升空时那样仰卧呢？将其与他们关于祖先来自金星的传说联系起来，不正是一部星际移民史的余韵吗？

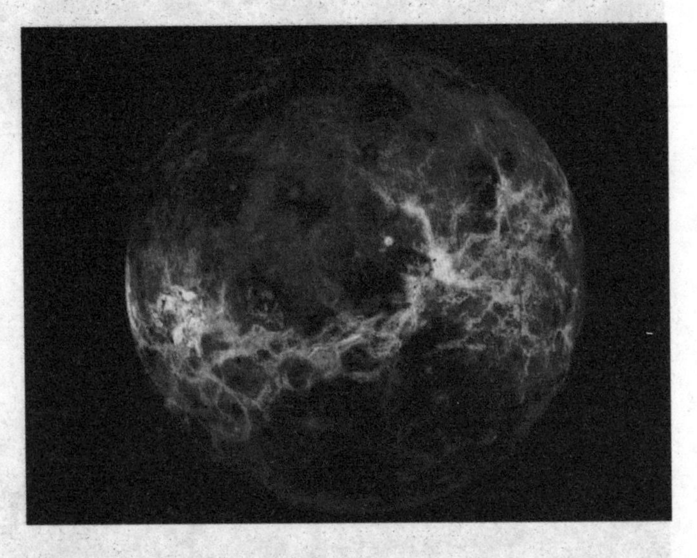

假定地球上的第一批移民是700万年前（最早的人类化石记录）来到地球的，那么他们最有可能是来自哪一个星球呢？按玛雅土著的说法和上一节的推论，第一批地球移民必然来自于当时的金星。我们现在已经知道，金星中低纬地区的地面温度已达450℃，而云层顶部的平均气温是-20℃左右（地球是-50℃）。700万年前，地球还处于第四纪冰川时期，那时的金星气温也一定比现在低一些，如果那时金星的极地气温在100℃以下，那么当时金星珠穆朗玛峰的气温必然在50℃左右，原因是它接近云层顶部（-20℃）。若金星珠穆朗玛峰的气温在50℃左右，那就可能有一部分人在山峰上生存。因为金星曾经占据着地球的公转轨道，孕育过灿烂的金星文明，他们还保留着跨越5000万千米的航天技术，逃离金星火狱，飞往地球生

存的动机与条件都不成问题，男宇航员载上少数已孕青年女子向地球移民就势所必然。也许他们经过了多次失败与牺牲，但还是有少数幸运儿成功地降落到地球，成为新世界的亚当与夏娃。靠这种不间断的移民，最后就能繁衍出一个拥有60亿人口的地球世界。

有人说，金星人移民地球之前，地球上就有了恐龙世界与哺乳动物世界，难道那么庞大的恐龙、大象与鲨鱼也是从金星运来的？其实，这种担心是多余的，如果地球人把植物种子撒满火星，未来的火星出现了丰富的食物，地球人就可发射无人探测器，把鲨鱼鱼苗、恐龙蛋投放到火星湖里，又通过降落伞把大象崽、牛崽投放到火星的森林里。今天的地球人能够做到，以前的金星人为何不能做到呢？为何要金星人去把一头几吨重的恐龙运来地球下蛋呢？大象崽同人差不

多重，航天器能把人运来地球，为何不可运来一些象崽、牛崽呢?

认为地球人主要是金星移民的后裔，主要是因为金星离地球最近，可以捷足先登；再就是金星环境已经变成火狱，必须尽快撤离，有向地球移民的动机。这种推论并不排除其他星球的人类来地球生存繁衍的可能，即使他们是来探险或被统治者流放到此，他们的后代也会与金星人后代通婚，并融入现在的地球人类社会中。

考虑到700万年以上的时间尺度，金星与其他恒星系的人类绝不可能只来地球一次，或只有某一批人偶然闯进了地球。如果每隔70万年有一批外星人迁来地球，那么地球在700万年的时间段内将迎接十批外星客的到来。如果最近来地球的一批外星客是在40万年以前，那么他们的金属飞行器也已锈蚀、风化成尘埃与泥沙了。

就拿30万年前的北京山顶洞人来说，他们的头骨化石旁边撒落了一些红色的赤铁矿粉，贾兰坡（1908—2001年）等人说这是古人

葬人的风俗。假如现代人躺在山顶洞人的化石灰坑里，旁边给你放一

把屠龙刀，30万年之后的考古学家会看到什么呢？很显然，你的头骨已经变成了新的化石，而你的刀则已被地下水中的酸与氧锈蚀成三氧化二铁了，在土壤喜铁微生物的搬运下，这些锈粉弥散于四周，同赤铁矿粉（水化三氧化二铁）不会有任何区别。既然铁器保存不了30万年，那么40万年前的金属航天器会存留到现在吗？

以上说明，没见到古人的航天器与遗迹，不能成为否定外星移民的理由，没见过希腊半岛以外的麦田，不能断然否定欧洲大平原麦田的存在。现代航天器就在眼前的世界里，外星移民就在我们的历史中。如果说金星人用一个月时间跨越5000万千米的空间距离有些难以理解的话，那么它毕竟还是可以被理解的，而“进化论”要猴群去跨越5000万年的生物进化过程，则要比前者难以理解得多。

第五章

太 阳 系

万物生长靠太阳，没有太阳，地球上就不可能有姿态万千的生命现象，当然也不会孕育出作为智能生物的人类。因此，对于人类来说，光辉的太阳无疑是宇宙中最重要的天体。太阳给人们以光明和温暖，它带来了日夜和季节的轮回，左右着地球冷暖的变化，为地球生命提供了各种形式的能源。

在人类历史上，太阳一直是许多人顶礼膜拜的对象。中华民族的先民把自己的祖先炎帝尊为太阳神。而在古希腊神话中，太阳神则是宙斯（万神之王）的儿子。正是这些神话故事，给本来在人们心中神圣的太阳增添了不少的神秘的气息。太阳系就是我们现在所在的恒星系统。它是以太阳为中心，和所有受到太阳引力约束的天体的集合体：8颗行星冥王星已被开除、至少165颗已知的卫星和数以亿计的太阳系小天体。这些小天体包括小行星、柯伊伯带的天体、彗星和星际尘埃。人们期待着早日解开太阳以及太阳系的神秘面纱，使得太阳在人类的心目中大放异彩。

太阳系疑团重重

46亿年前，银河系中某个不起眼的地方正在孕育着什么。星系中弥漫的氢和氦以及固体尘埃开始凝聚并且形成分子。由于无法承载自身的质量，这一新形成的分子云便开始了坍缩。在不断加热和混合的过程中，一颗恒星诞生了，它就是太阳。

◎ 太阳系的形成

在太阳形成的时候，它消耗了原始太阳星云中99.8%的物质。按

照目前被广为接受的理论，剩下的物质在引力的作用下形成了一个围绕新生恒星的气体尘埃盘。当这个盘中的尘埃颗粒绕太阳运动的时候，它们彼此之间会发生碰撞，并且渐渐地聚合长大。在盘的最内

部，由于太阳的核反应已经被点燃，因此高温使得只有金属和高熔点的含硅矿物才能幸存下来。这样一来也限制了尘埃可聚合的大小，所以这一区域中的小天体最终凝聚形成了内太阳系的4颗体型较小的岩质行星——水星、金星、地球和火星。

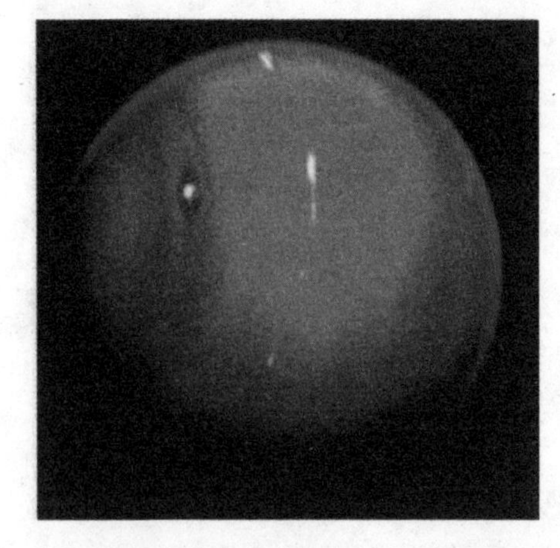

在这一区域之外则没有类似的限制，在“雪线”以外的区域甲烷和水都是以固体的形式出现的。这个区域中的行星可以长得更大，并且可以在太阳的热量把气体驱散之前吸积气体分子（主要是氢）。这就是木星和土星这样的气态巨行星以及温度更低的巨行星天王星和海

王星的最终形成过程。这也是天文学家预计这些行星在流体的表层之下有一个岩石核心的原因。

法国蔚蓝海岸天文台的亚历山德罗·莫比德利说，但当你要深入到其中的细节的时候问题就来了，吸积模型就是一个很好的范例。没有人确切知道米级的岩石是如何聚合成10千米级的小天体的。因为小型的固体天体会受到其周围气体压力的作用而最终在聚合之前便落入了太阳。最近提出的一种可能性是气体中局部湍流提供的低压使得小岩石最终合并到了一起。

气态巨行星也有类似的问题。它们的岩石核心必定是在有气体的

情况下聚合而成的，然后才能吸积气体。而在其他行星系统中也已经发现了非常靠近恒星的类木行星。这些行星的大小和木星相仿，但是轨道半径却和地球的差不多，甚至更小。如果在太阳系形成的早期也有一颗木星质量的行星运动到了太阳系的内部，尽管还没有确定的结论，但诸如地球这样的内行星都会被散射出太阳系。

按照美国科罗拉多大学的菲尔·阿米蒂奇的说法，没有证据显示太阳系上演过类似的情况。如果说过大的月亮是某种暗示的话，那

么它也只是说明了内太阳系在岩质行星形成的最初1亿年中一直处于“动荡不安”的状态，但是很快一切就都安定了下来。根据莫比德利及其同事所提出的理论，在太阳形成之后的几亿年，在木星和土星引力的“强强联合”作用下，天王星和海王星被推到了距离太阳更远的地方，并且占据了现在的位置，由

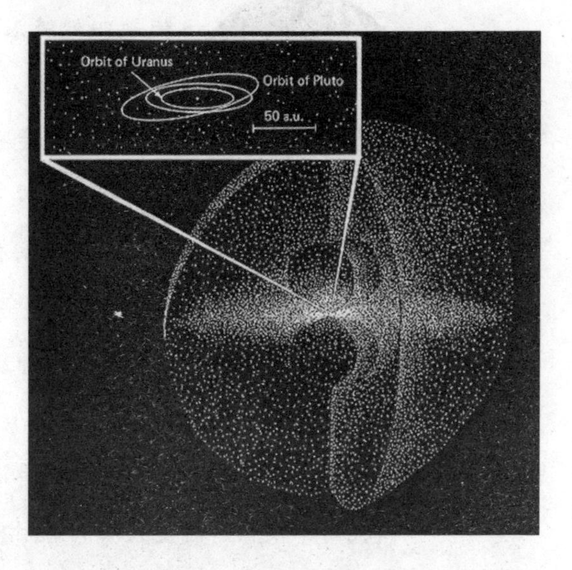

此引发了外太阳系的重组和膨胀。一些小天体会就此撞向木星，而另一些则会被木星的强大引力抛射出太阳系。在整个太阳系的外围、宇宙的深处，这些未被吸积的残骸聚集到了一起则最后形成了设想中的奥尔特云。

希腊太阳神话

太阳神阿波罗是天神宙斯和女神勒托所生之子。神后赫拉由于妒忌宙斯和勒托的相爱，残酷地迫害了勒托，致使她四处流浪。后来总算有一个浮岛德罗斯收留了勒托，她在岛上艰难地生下了日神和月神。于是赫拉就派巨蟒皮托前去杀害勒托母子，但没有成功。后来，勒托母子交了好运，赫拉不再与他们为敌，他们又回到众神行列之中。阿波罗为替母报仇，就用他那百发百中的神箭射死了给人类带来无限灾难的巨蟒皮托，为民除了害。阿波罗在杀死巨蟒后十分得意， 在遇见小爱神厄洛斯时讥讽他的小箭没有威力，于是厄洛斯就用一枝燃着恋爱火焰的箭射中了阿波罗，而用一枝能驱散爱情火花的箭射中了仙女达佛涅，要令他们痛苦。达佛涅为了摆脱阿波罗的追求，就让父亲把自己变成了月桂树，不料阿波罗仍对她痴情不已，这令达佛涅十分感动。而从那以后，阿波罗就把月桂作为饰物，桂冠成了胜利与荣誉的象征。每天黎明，太阳神阿波罗都会登上太阳金车，拉着缰绳，高举神鞭，巡视大地，给人类送来光明和温暖。所以，人们把太阳看作是光明和生命的象征。

◎ 太阳系是否唯一

自从1992年发现了第一颗绕其他恒星转动的行星以来，已经发现了大约280颗太阳系外行星。而这其中的绝大部分和我们的太阳系大相径庭。这些太阳系外行星主要是通过它们的引力对恒星的扰动而被发现的。行星越小，它对恒星的影响也越小。因此目前的技术还无法探测到类地行星对恒星所产生的扰动。

绝大多数已知的太阳系外行星是大小和木星或者海王星相仿的气态巨行星，它们到各自恒星的距离也只有几个天文单位。据估计大约6%～7%的类太阳恒星会具有类似的行星。而恒星具有和木星类似距

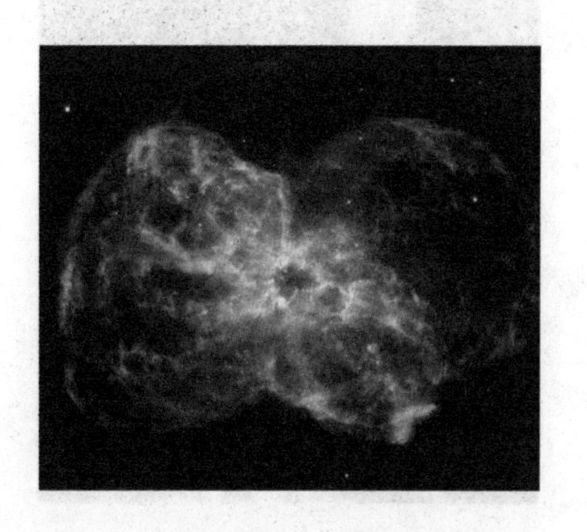

离的气态巨行星的概率目前还不得而知。原因是它们绕恒星转动一圈大约要花上10年甚至更长的时间，因此对它们引力扰动的测量也要花上至少10年的时间。按照太阳系形成的标准图像，气态巨行星不会在非常靠近恒星的地方才形成，因为恒星的热量会阻碍较大的岩质核心的形成。另外，太阳系中行星的轨道都是近圆的，而这些太阳系外气态巨行星

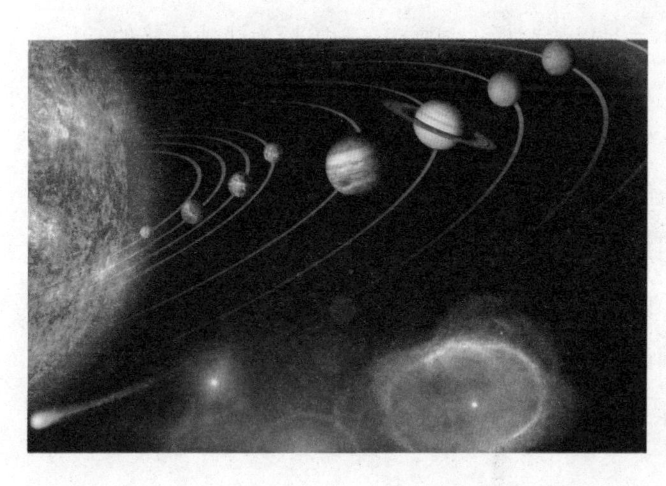

的轨道却都是长椭圆的。也许这就是答案：绝大多数的行星系统具有比我们的太阳系更为变化多端的历史。本来距离较远的巨行星为了获得“生存空间”竞相将对方“挤”入了特殊的轨道。

在知道观测极限之前，我们很难得到确定的结论。美国科罗拉多大学的菲尔·阿米蒂奇说：“也许在我们眼中太阳系的历史已经是够‘血腥’的了，因为这是我们能看到的唯一样本。”两个高灵敏度的空间行星探测计划将会帮助我们降低这里的不确定性，其中一个是2006年12月发射的由法国主导的“科罗”外星行星探测器，另一个

是计划于2009年3月发射的美国宇航局的“开普勒”探测器。它们预计可以发现10个左右的“超级地球”——质量为地球几倍的行星。如果有关太阳系形成的理论是正确的话，这些岩质行星应该和我们的地球非常相似。取决于大气中温室效应和云的冷却作用，两颗行星Gliese 581c和d到它们恒星的距离可以使得在其表面有液态水存在。

还有其他的线索也表明岩质

行星要比我们所想象的更普遍。2008年美国宇航局斯必泽空间望远镜的观测显示，年轻恒星周围尘

埃的碰撞直接和行星形成有关，而且岩质行星的形成率可以达到20%～60%。但斯必泽空间望远镜对老年恒星周围尘埃的观测则显示，形成可承载生命的岩质行星的前景并不那么乐观。10个太阳系外行星系统有9个含有比太阳系更多的尘埃，在某些情况下甚至可以达到太阳系的20倍甚至更多。而行星形成过程是一个在恒星诞生之后1亿年内就应该完成的短暂过程，因此这些尘埃可能是随后盘中的彗星彼此剧烈碰撞的残骸。幸运的是，我们的内太阳系有一个忠实的守卫者。距离更远的巨行星——木星，它通常会在彗星有机会进入内太阳系之前就把它们给散射出去了。

“最终，‘太阳系是否唯一’这个问题还有待我们在观测到了类地太阳系外行星和其外围更远的巨行星之后才能回答，”美国亚利桑那大学的乔纳森·卢宁说，“但目前我们还无法简单而正确地回答对这个问题。”

◎ 太阳系的终结

太阳终有一天是会死亡的，当然这是在大约60亿年之后。但是在那之前事情就会变得越来越棘手。到那时，目前稳定的太阳系到

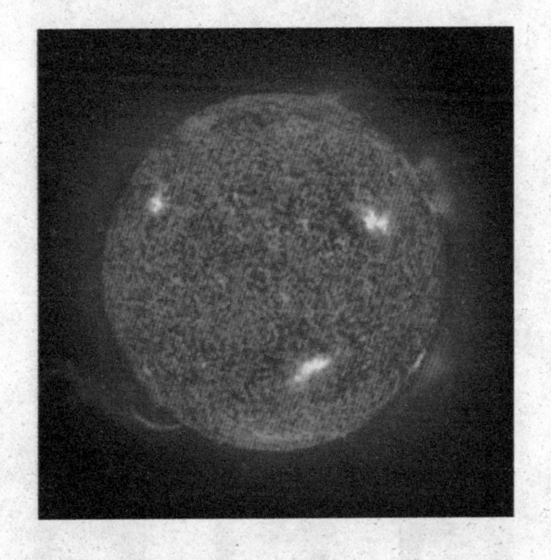

时候就会陷入混乱。即便是最小的不规则性也会随着时间累积，最终改变行星的轨道。从现在到太阳死亡，计算发现出现灾变的可能性大约是2%。火星有可能太靠近木星，进而被抛射出太阳系。如果我们“背”到极点的话，狂奔的水星会和地球相撞。与此同时，太阳也会慢慢地变亮。在20亿年里，太阳就有可能会杀死地球表面的所有生命。而另一方面，如果火星仍然处于现在的位置的话，火星就会出现宜人的气候。即使现在的火星是死气沉沉的，但到时候就会生机盎然。然而这一切也不会永远存在。

当太阳的核心氢耗尽时，太阳的整体结构就会发生重大的变化。它的体积会渐渐地膨胀到目前的100万倍，成为一颗红巨星。而按照最新的数值模拟，当太阳成为红巨星的时候就会吞噬水星、金星，可能还有地球。此时，占据整个天空的太阳会把火星变成炼狱，而像土星和木星这样的冰冷的卫星则会开始焕发出生机。由于已经具备了丰富的有机分子，因此土星的卫星土卫六特别有希望。在红巨星的加热下，曾经冰封的土卫六会浸浴在全球性的氨水海洋中，而这一海洋中的机会分子也许会形成生命。

如果在太阳系晚期还会出现生命的话，这些生命持续的时间都不会很长。在度过了短暂的红巨星阶段以后，太阳内部的核反应会最终停止，它会抛射出它的外部包层并且收缩成一颗白矮星。经历了短暂温暖期的土卫六又会再一次被冰封。木星和土星等外太阳系天体会继续围绕已变成白矮星的太阳转动几百亿年，直到由于来自内部或者外部的某种因素打破这一“平衡”。木星或者土星可能会散射掉那些质量较小的同伴，例如天王星或者海王星。而偶然从太阳系旁经过的恒星也有可能会剥离掉其中的行星，甚至连质量最大的木星也未必能幸免。

不过太阳系的未来还是不确定的，有着各种各样的变数。还有一种微小的可能性是太阳系整个会被“甩”出银河仙女星系。在空旷的星系空间里，行星可以免受“掠食者”的袭击。它们会继续绕着太阳转动，但是它们的能量会被引力波渐渐地带走。于是行星就会一个接一个地“掉”向中心已经变成黑矮星的太阳，并且以一阵划破黑暗的闪光结束它们的一生。

太阳能量

◎ 太阳系

以太阳为中心并受其引力的支配而环绕它运动的天体系统叫太阳系。太阳系的成员包括太阳和环绕太阳的行星（如水星、金星、地球、火星、木星、土星、天王星、海王星），2000多颗轨道已确定的小行星，数量不少的卫星以及为数很多的彗星与流星体等。

◎ 天文学释义

太阳的体积是2000亿亿亿立方米，是地球的130.25万倍，太阳是太阳系的中心天体。银河系的一颗中等大小恒星。距离地球1.5亿千米，直径约1392000千米，从地球到太阳上去步行要走3500多年，就是坐飞机，也要坐20多年。平均密度1.409克/立方厘米，质量1.989×10^{33}克，表面温度5770℃，中心温度1500.84万℃。由里向外分别为太阳核反应区、太阳对流

层、太阳大气层。其中心区不停地进行热核反应，所产生的能量

以辐射方式向宇宙空间发射。其中二十二亿分之一的能量辐射到地球，成为地球上光和热的主要来源。恒星也有自己的生命史，它们从诞生、成长到衰老，最终走向死亡。它们大小不同，色彩各异，演化的历程也不尽相同。恒星与生命的联系不仅表现在它提供了光和热。实际上构成行星和生命物质的重原子就是在某些恒星生命结束时发生的爆发过程中创造出来的。太阳是一颗普通的恒星。

◎ 太阳基本物理参数

天文符号：⊙

体积：地球体积的1 302 500倍

自转周期：25 ~ 30天

距最近的恒星间的距离：4.3光年

宇宙年：225百万年

直径：1 392 000千米（地球直径的109倍）

半径：696 000千米.

质量：1.989 × 1030千克

温度：大约5770℃（表面）

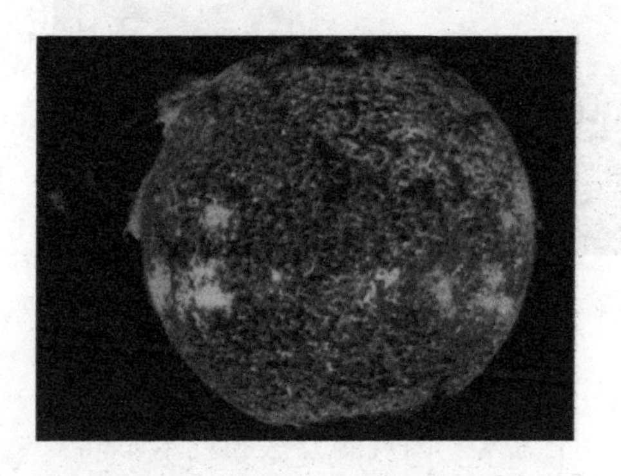

1560万℃（核心）

总辐射功率：3.83 × 1026焦耳/秒

平均密度：1.409克/立方厘米

日地平均距离：一亿五千万千米

年龄：约50亿岁

太阳光：到达地球大气上界的太阳辐射能量称为天文太阳辐射量。在地球位于日地平均距离处时，地球大气上界垂直于太阳光线的单位面积在单位时间内所受到的太阳辐射的全谱总能量，称为太阳

常数。太阳常数的常用单位为瓦/平方米。因观测方法和技术不同，得到的太阳常数值不同。世界气象组织（WMO）1981年公布的太阳常数值是1368瓦/平方米。地球大气上界的太阳辐射光谱的99%以上在波长0.15～4.0微米之间。大约50%的太阳辐射能量在可见光谱区（波长0.4～0.76微米），7%在紫外光谱区（波长<0.4微米），43%在红外光谱区（波长>0.76微米），最大能量在波长0.475微米处。由于太阳辐射波长较地面和大气辐射波长（约3～120微米）小得多，所以通常又称太阳辐射为短波辐射，称地面和大气辐射为长波辐射。太阳活动和日地距离的变化等

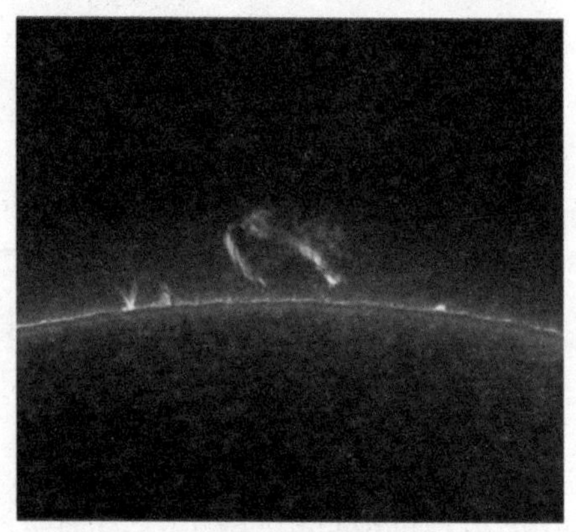

会引起地球大气上界太阳辐射能量的变化。

对于人类来说，光辉的太阳无疑是宇宙中最重要的天体。万物生长靠太阳，没有太阳，地球上就不可能有姿态万千的生命现象，当

然也不会孕育出作为智能生物的人类。太阳给人们以光明和温暖，它带来了日夜和季节的轮回，左右着地球冷暖的变化，为地球生命提供了各种形式的能源。

◎ 太阳的内部

太阳的内部主要可以分为三层：核心区、辐射区和对流区。

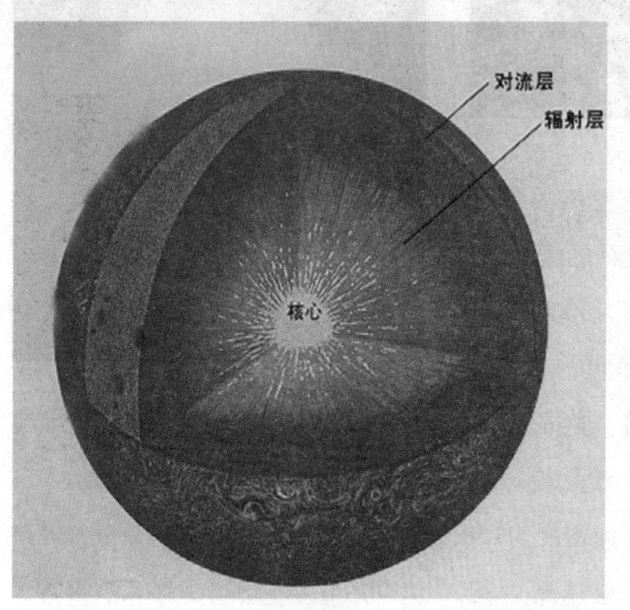

（1）太阳的能量来源于其核心部分

太阳的核心温度高达1500万摄氏度，压力相当于2500亿个大气压。核心区的气体被极度压缩至水密度的150倍。在这里发生着核聚变，每秒钟有七亿吨的氢被转化成氦。在这过程中，约有五百万吨的净能量被释放（大概相当于38600亿亿兆焦耳，386后面26个0）。聚变产生的能量通过对流和辐射过程向外传送。核心产生的能量需要通过几百万年才能到达表面。

（2）辐射区包在核心区外面

这一层的气体也处在高温高压状态下（但低于核心区），粒子间的频繁碰撞，使得在核心区产生的能量经过很久（几百万年）才能穿过这一层到达对流区。

（3）辐射区的外面是对流区

能量在对流区的传递要比辐射区快的多。这一层中的大量气体以对流的方式向外输送能量（有点像

烧开水，被加热的部分向上升，冷却了的部分向下降）。对流产生的气泡一样的结构就是我们在太阳大气的光球层中看到的“米粒组织”。

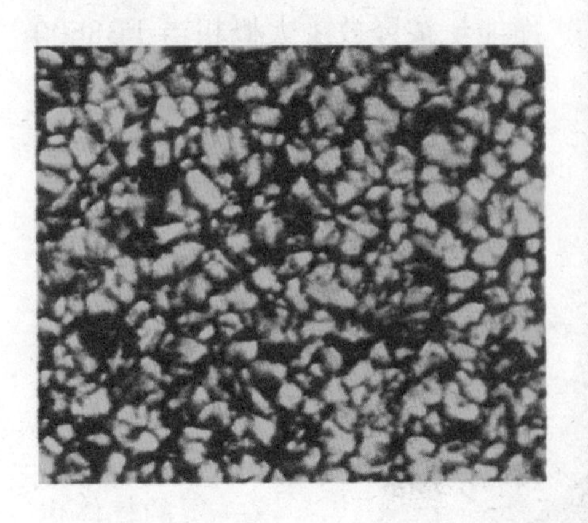

太阳是自己发光发热的炽热的气体星球。它表面的温度约6000℃，中心温度高达1500万℃。太阳的半径约为696000千米，约是地球半径的109倍。它的质量为1.989×1027吨，约是地球的332000倍。太阳的平均密度为1.4克/立方厘米，约为地球密度的1/4。太阳与地球的平均距离约1.5亿千米。

太阳是银河系中的一颗普通恒星，位于银道面之北的猎户座旋臂上，距银心约2.3~2.8万光年，它以每秒250千米的速度绕银心转动，公转一周约需2.5亿年。太阳

也在自转，其周期在日面赤道带约25天，两极区约为35天。

通过对太阳光谱的分析，得知太阳的化学成分与地球几乎相同，只是比例有所差异。太阳上最丰富的元素是氢，其次是氦，还有碳、氮、氧和各种金属。

中国神话故事

——后羿射日

相传上古时期，夏代有穷国的国王是一个名叫后羿的英俊男子。他不仅长得潇洒，而且文武双全，天文、地理无所不知，谋略、武艺无所不精，尤其还射得一手好箭。有穷国在后羿的英明治理下，蒸蒸日上，威震四方。人们丰衣足食，安居乐业，日出而作，日落而息，呈现出一派丰盛祥和的景象。

后羿每天处理完国事后，就带上心爱的弓箭（听说此箭乃神灵所赐），到射箭场进行练习，日复一日，年复一年，从未间断。他的箭术已到出神入化、无人能比的地步。

日子在和平、美满中一天天过去，有穷国日趋繁荣。正当人们沉浸在幸福、满足之中的时侯，突然，祸从天降。

仲夏的一天，那天早晨和往日并无不同，可到了日出时候，东方一下子升出来十个太阳。人们看着眼前的一切，目瞪口呆。大家清楚，天上挂着十个太阳意味着什么。立刻，哭喊着、祈祷声一片。人们用尽各种办法祈求上天开恩，收回多出的九颗太阳，但一切无济于事。一天又一天，田里的庄稼渐渐枯萎，河里的水慢慢干涸，老弱病残者一个接一个地倒下……后羿看着眼前的一切，心如刀绞，可是无计可施。他愁肠欲断，焦虑万分，日渐憔悴。一天，困倦不已的他刚闭上眼，忽梦见一白胡老人，老人指点他，将九个箭靶做成太阳形状，每天对准靶心练上七七四十九天后，

便可射落天上的太阳，并嘱咐他，此事不可外扬，只有到了第五十天才可让人知道。后羿睁开眼，惊喜不已，立刻动手做箭靶，箭靶做好后，便带上箭躲到深山里，没日没夜地练起来。到了第五十天，国王要射日的消息传出后，在死亡线上挣扎的人们精神顿时振奋起来，仿佛看到了生的希望。人们唯恐后羿的箭射不落太阳，男女老幼顶着火一般的烈日，用最短的时间，搭起一座数米高的楼台，并抬来战鼓，为后羿呐喊助威。后羿在震耳欲聋的鼓声里，一步步登上楼台，在他身后，是无数双渴求、期盼的眼睛，在他周围，是痛苦呻吟的土地，在他头顶，是炽热、张狂的太阳。他告诉自己只能成功，不许失败。尽管知道走的是一条不归路，但为了救

出受苦受难的民众，他无怨无悔。

终于到达楼顶了，后羿回首最后一次看了看他的臣民、他的王宫，然后抬起头，举起手中的箭，缓缓拉开弓。“嗖”，只听一声巨响，被击中的太阳应声坠下，随即不知去向。台下一片欢呼，

呐喊声、战鼓声穿透云霄。后羿一鼓作气，连连拉弓，又射落了七颗。还剩最后两颗了，此时，他已精疲力尽，可他知道，天上只能留下一颗太阳，如果此时放弃，就意味着前功尽弃。他再一次举起箭，用尽全身力气，将第九颗太阳击落后，便一头栽倒在地，再也没起来。一切恢复了原样，而勇敢、可敬的后羿却永远闭上了眼睛……

被射中的九颗太阳，坠落到九个不同的地方。其中的一颗，掉到了黄海边上，并砸出了一个湖，这个湖后人称作射阳湖。不久，从射阳湖里流出一条河，人称射阳河。

◎ 太阳的能量

地球上除原子能和火山、地震以外，太阳能是一切能量的总源泉。那么，整个地球接收的太阳能有多少呢？太阳发射出多大的能量呢？科学家们设想在地球大气层外放一个测量太阳总辐射能量的仪器，在每平方厘米的面积上，每分钟接收的太阳总辐射能量为8.24焦。这个数值叫太阳常数。如果将太阳常数乘上以日地平均距离作半径的球面面积，这就得到太阳在每分钟发出的总能量，这个能量约为每分钟2.273×1028焦。（太阳每秒辐射到太空的热量相当于一亿亿吨煤炭完全燃烧产生热量的总和，相当于一个具有5200万亿亿马力的发动机的功率。太阳表面每平方米面积就相当于一个85000马力的动力站。）而地球上仅接收到这些能量的二十二亿分之一。

太阳每年送给地球的能量相当于100亿亿度电的能量。太阳能取之不尽，用之不竭，又无污染，是最理想的能源。

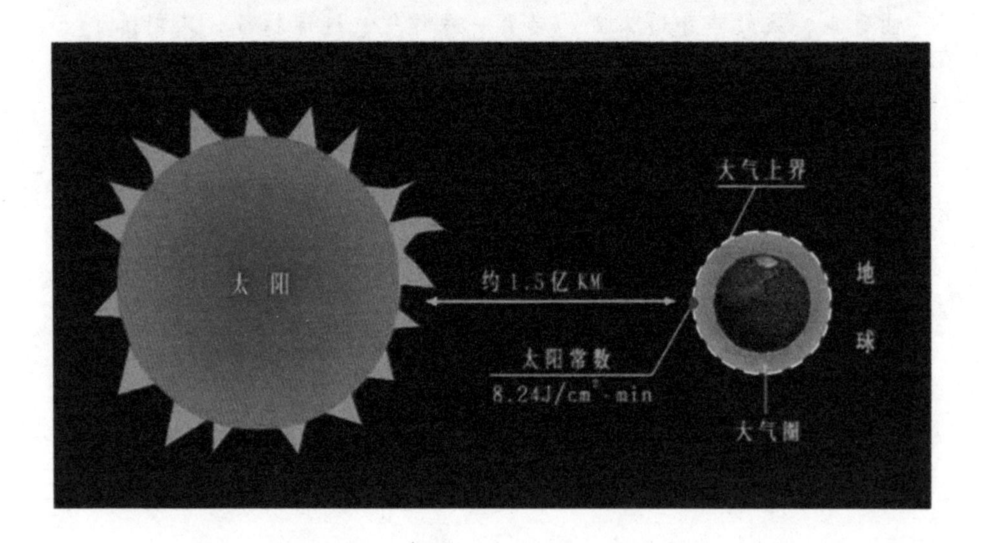

中国神话故事

——夸父逐日

远古时候，在北方荒野中有一座高耸入云的高山，在山林深处，生活着一群力大无穷的巨人。他们的首领耳朵上挂着两条金色的蛇，手里也抓着两条金蛇，他的名字叫夸父，因此这一群人就叫夸父族。夸父族人心地善良，勤劳勇敢，过着与世无争、逍遥自在的日子。

有一年，天气非常热，火辣辣的太阳直射在大地上，树木都被晒焦了，河流都被晒干枯了。人们热得难以忍受，夸父族的人纷纷死去。首领夸父很难过，他仰头望着太阳，告诉族人："太阳太可恶了！我一定要追上太阳，将它捉住，让它听人的指挥。"族人听了，纷纷劝阻。有的人说："你千万别去呀，太阳离我们那么远，你会累死的。"有的人说："太阳那么热，你会被烤死的。"但是夸父决心已定，他看着愁苦不堪的族人，说："为了大家的安乐，我一定要去！"

夸父告别了族人，向着太阳升起的方向，迈开大步，向风一样追去。太阳在空中飞快地移动，夸父在地上拼命地奔跑。他穿过一座座大山，跨过一条条河流，大地被他的脚步震得"轰轰"作响，来回摇摆。夸父跑累了，将鞋里的土抖落在地上，于是地上形成了一座大土山。夸父煮饭时，拣了三块石头架锅，这三块石头就成了三座鼎足而立的高山，有几千米高。

夸父一直追着太阳跑，眼看着离太阳越来越近，他的信心越来越强。终于，夸父在太阳落山的地方追上了太阳。一团红亮的火球就在夸父眼前，万道金光沐浴在他身上。夸父无比欢欣地张开双臂，想把太阳抱住。可是太阳炽热异常，夸父感到又渴又累。他就跑到黄河边，一口气喝干了黄河水，他又跑到渭河边，把渭河水也喝光了，但是仍不解渴。夸父又向北跑去，那里有纵横千里的大泽，大泽里的水足够夸父解渴。但是夸父还没有跑到大泽，就在半路上渴死了。

夸父临死的时候，心里充满了遗憾，他还牵挂着自己的族人，于是将自己手中的木杖扔出去。木杖落地的地方，顿时生出一片郁郁葱葱的桃林。这片桃林终年茂盛，为往来的过客遮荫，结的鲜桃为人们解渴，让人们能够消除疲劳，精力充沛地踏上旅程。

夸父逐日的故事，反映了中国古代先民战胜干旱的愿望。夸父虽然最后牺牲了，但是他顽强的精神却永远留在人们心中。在中国的许多古书中，都记载了夸父逐日的相关传说，中国有的地方还将大山叫做“夸父山”，以纪念夸父。

存在于太阳系中的星球

◎ 太阳系

太阳系就是我们现在所在的恒星系统。它是以太阳为中心，和所有受到太阳引力约束的天体的集合体：8颗行星（冥王星已被开

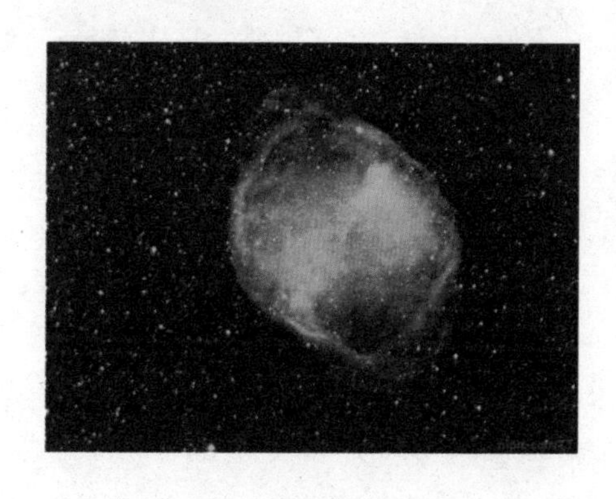

除）、至少165颗已知的卫星，和数以亿计的太阳系小天体。这些小天体包括小行星、柯伊伯带的天体、彗星和星际尘埃。

广义上，太阳系的领域包括太阳、4颗像地球的内行星、由许多小岩石组成的小行星带、4颗充满气体的巨大外行星、充满冰冻小岩石，被称为柯伊伯带的第二个小天

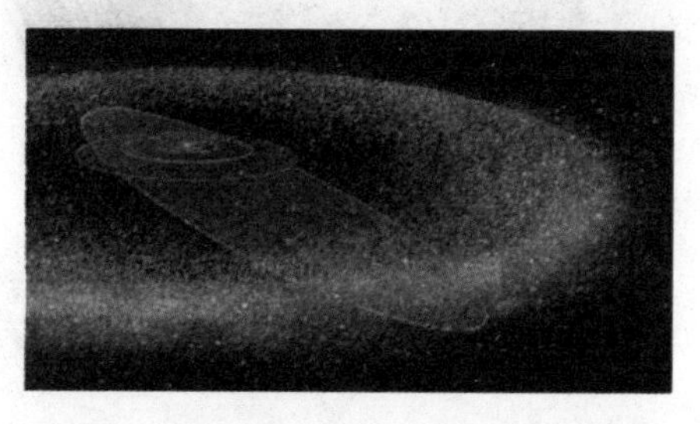

体区。在柯伊伯带之外还有黄道离散盘面、太阳圈和依然属于假设的奥尔特云。

依照至太阳的距离，行星序是水星、金星、地球、火星、木星、土星、天王星、海王星和其中的7颗有天然的卫星环绕着，这些星习

惯上因为地球的卫星被称为月球而都被视为月球。在外侧的行星都有由尘埃和许多小颗粒构成的行星环绕着，而除了地球之外，肉眼可见的行星以五行为名，在西方则全都以希腊和罗马神话故事中的神仙为名。2 颗矮行星是：谷神星，小行星带内最大的天体和属于黄道离散

天体的阋神星。

◎ 太阳系结构和组成

太阳系是由受太阳引力约束的天体组成的宇宙中的一个小天体系统，其结构可以大概地分为五部分：

（1）太　阳

太阳是太阳系的母星，也是最主要和最重要的成员。它有足够的质量让内部的压力与密度足以抑制和承受核融合产生的巨大能量，并以辐射的型式，让能量稳定的进入太空。

内太阳系：内太阳系在传统上是类地行星和小行星带区域的名称，主要是由硅酸盐和金属组成的。这个区域挤在靠近太阳的范围内，半径比木星与土星之间的距离还短。

内行星：四颗内行星或是类地行星的特点是高密度、由岩石构成、只有少量或没有卫星，也没有环系统。它们由高熔点的矿物，像是硅酸盐类的矿物，组成表面固体

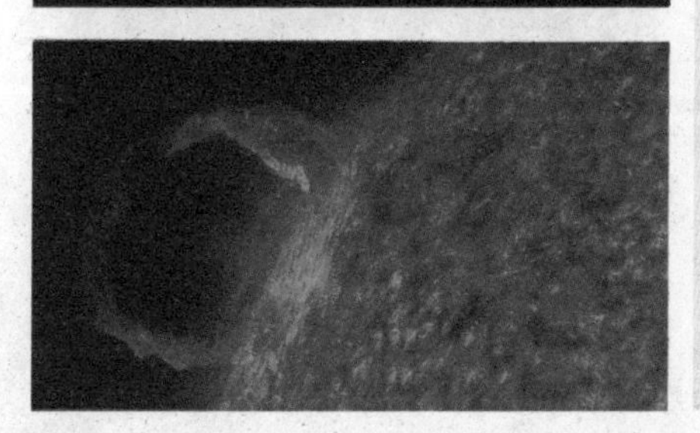

的地壳和半流质的地幔，以及由铁、镍构成的金属核心所组成。四颗中的三颗（金星、地球和火星）有实质的大气层，全部都有撞击坑和地质构造的表面特征（地堑和火山等）。内行星容易和比地球更接近太阳的内侧行星（水星和金星）混淆。行星运行在一个平面，朝着一个方向。

水星（0.4天文单位）：水星是最靠近太阳，也是最小的行星（是地球质量的0.055倍）。它没有天然的卫星，仅知的地质特征除了撞击坑外，只有大概是在早期历史与收缩期间产生的皱折山脊。水星，包括被太阳风轰击出的气体原子，只有微不足道的大气。目前尚无法解释相对来说相当巨大的铁质核心和薄薄的地幔。假说包括巨大的冲击剥离了它的外壳，还有年轻时期的太阳能抑制了外壳的增长。

金星（0.7天文单位）：金星

的体积尺寸与地球相似（是地球质量的0.86倍），也和地球一样有厚厚的硅酸盐地幔包围着核心，还有浓厚的大气层和内部地质活动的证据。但是，它的大气密度比地球高90倍，而且非常干燥，也没有天然的卫星。它是颗炙热的行星，表面的温度超过400摄氏度，很可能是大气层中有大量的温室气体造成的。目前，没有明确的证据显示金星的地质活动仍在进行中，但是没有磁场保护的大气应该会被耗尽，因此认为金星的大气是经由火山的爆发获得补充的。

地球（1天文单位）：地球是内行星中最大且密度最高的，也是唯一地质活动仍在持续进行中并拥有生命的行星。它也拥有类地行星中独一无二的水圈和被观察到的板块结构。地球的大气也于其他的行星完全不同，被存活在这儿的生物改造成含有21%的自由氧气。它只有一颗卫星，即月球；月球也是类地行星中唯一的大卫星。地球公转一圈约365天，自转一圈约1天。（太阳并不是总是直射赤道，因为

地球围绕太阳旋转时，稍稍有些倾斜）

火星（1.5天文单位）：火星比地球和金星小，是地球质量的0.17倍，只有以二氧化碳为主的稀薄大气，它的表面，例如奥林匹斯山有密集与巨大的火山，水手号峡谷有深邃的地堑，显示不久前仍有剧烈的地质活动。火星有两颗天然的小卫星：戴摩斯和福伯斯，可能是被捕获的小行星。

（2）小行星带

小行星是太阳系小天体中最主要的成员，主要由岩石与不易挥发的物质组成。主要的小行星带位于火星和木星轨道之间，距离太阳2.3至3.3天文单位，它们被认为是在太阳系形成的过程中，受到木星引力扰动而未能聚合的残余物质。

小行星的尺度从大至数百千米、小至微米的都有。除了最大的谷神星之外，所有的小行星都被归类为太阳系小天体，但是有几颗小行星，像灶神星、健神星，如果能被证实已经达到流体静力平衡的状态，可能会被重分类为矮行星。

小行星带拥有数万颗，可能多达数百万颗，直径在一千米以上的小天体。尽管如此，小行星带的总质量仍然不可能达到地球质量的千分之一。小行星主带的成员依然是稀稀落落的，所以至今还没有太空船在穿越时发生意外。

谷神星（2.77天文单位）：谷神星是主带中最大的天体，也是主

带中唯一的矮行星。它的直径接近1000千米，因此自身的引力已足以使它成为球体。它在19世纪初被发现时，被认为是一颗行星，在1850年因为有更多的小天体被发现才重新分类为小行星；在2006年，又再度重分类为矮行星。

小行星族：在主带中的小行星

可以依据轨道元素划分成几个小行星群和小行星族。小行星卫星是围绕着较大的小行星运转的小天体，它们的认定不如绕着行星的卫星那样明确，因为有些卫星几乎和被绕的母体一样大。在主带中也有彗星，它们可能是地球上水的主要来源。

特洛依小行星的位置在木星的L4或L5点（在行星轨道前方和后方的不稳定引力平衡点），不过“特洛依”这个名称也被用在其他行星或卫星轨道上位于拉格朗日点上的小天体。希耳达族是轨道周期与木星2：3共振的小行星族，当木星绕太阳公转二圈时，这群小行星会绕太阳公转三圈。

内太阳系也包含许多“淘气”的小行星与尘粒，其中有许多都会穿越内行星的轨道。

（3）中太阳系

太阳系的中部地区是气体巨星和它们有如行星大小尺度卫星的家，许多短周期彗星，包括半人马群也在这个区域内。此区没有传统的名称，偶尔也会被归入“外太阳系”，虽然外太阳系通常是指海王星以外的区域。在这一区域的固体，主要的成分是“冰”（水、氨和甲烷），不同于以岩石为主的内太阳系。

外行星是指在外侧的四颗行星，也称为类木行星，囊括了环绕太阳99%的已知质量。木星和土星的大气层都拥有大量的氢和氦，天王星和海王星的大气层则有较多的“冰”，像是水、氨和甲烷。有些天文学家认为它们该另成一类，称为“天王星族”或是“冰巨星”。这四颗气体巨星都有行星环，但是只有土星的环可以轻松的从地球上观察。“外行星”这个名称容易与“外侧行星”混淆，后者实际是指在地球轨道外面的行星，除了外行

星外还有火星。

木星（5.2天文单位）：木星主要由氢和氦组成，质量是地球的318倍，也是其他行星质量总合的2.5倍。木星的丰沛内热在它的大气层造成一些近似永久性的特征，例如云带和大红斑。木星已经被发现的卫星有63颗，最大的四颗，甘

尼米德、卡利斯多、埃欧、和欧罗巴，显示出类似类地行星的特征，像是火山作用和内部的热量。甘尼米德比水星还要大，是太阳系内最大的卫星。

土星（9.5天文单位）：土星因为有明显的环系统而著名，它

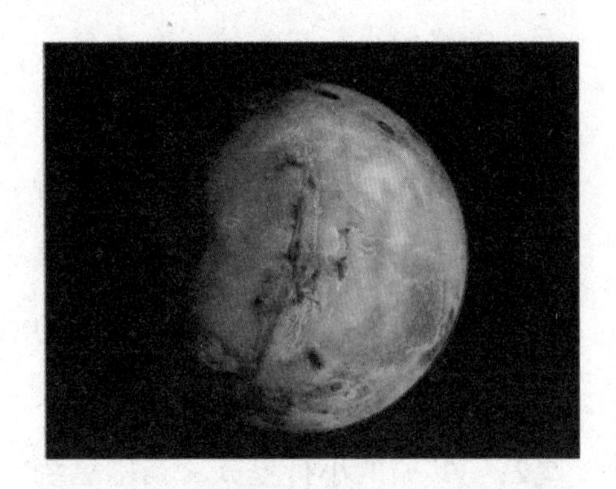

与木星非常相似，例如大气层的结构。土星不是很大，质量只有地球的95倍，它有60颗已知的卫星，泰坦和恩塞拉都斯，拥有巨大的冰火山，显示出地质活动的标志。泰坦比水星大，而且是太阳系中唯一实际拥有大气层的卫星。

天王星（19.6天文单位）：天王星是最轻的外行星，质量是地球的14倍。它的自转轴对黄道倾斜达到90度，因此是横躺着绕着太阳公转，在行星中非常独特。在气体

巨星中，它的核心温度最低，只辐射非常少的热量进入太空中。天王星已知的卫星有27颗，最大的几颗是泰坦尼亚、欧贝隆、乌姆柏里厄尔、艾瑞尔、和米兰达。

海王星（30天文单位）：海王星虽然看起来比天王星小，但密度较高，因此质量仍有地球的17倍。他虽然辐射出较多的热量，但远不及木星和土星多。海王星已知有13颗卫星，最大的崔顿仍有活跃的地质活动，有着喷发液态氮的间歇泉，它也是太阳系内唯一逆行的大卫星。在海王星的轨道上有一些1：1轨道共振的小行星，组成海王星特洛伊群。

彗星归属于太阳系小天体，通常直径只有几千米，主要由具挥发

性的冰组成。它们的轨道具有高离心率，近日点一般都在内行星轨道的内侧，而远日点在冥王星之外。当一颗彗星进入内太阳系后，与太阳的接近会导致她冰冷表面的物质升华和电离，产生彗发和拖曳出由气体和尘粒组成、肉眼就可以看见的彗尾。

短周期彗星是轨道周期短于200年的彗星，长周期彗星的轨周期可以长达数千年。短周期彗星，像是哈雷彗星，被认为是来自柯伊伯带；长周期彗星，像海尔·波普彗星，则被认为起源于奥尔特云。有许多群的彗星，像是克鲁兹族彗星，可能源自一个崩溃的母体。有些彗星有着双曲线轨道，则可能来自太阳系外，但要精确的测量这些轨道是很困难的。挥发性物质被太阳的热驱散后的彗星经常会被归类为小行星。

半人马群是散布在9至30天文单位的范围内，也就是轨道在木星和海王星之间，类似彗星以冰为主的天体。半人马群已知的最大天体是10199 Chariklo，直径在200至250千米。第一个被发现的是2060 Chiron，因为在接近太阳时如同彗星般的产生彗发，目前已经被归类为彗星。有些天文学家将半人马族归类为柯伊伯带内部的离散天体，而视为是外部离散盘的延续。

（4）外海王星区

在海王星之外的区域，通常称为外太阳系或是外海王星区，仍然是未被探测的广大空间。这片区域似乎是太阳系小天体的世界（最大的直径不到地球的五分

主要由太阳系小天体组成，但是许多柯伊伯带中最大的天体，例如创神星、伐楼拿、2003EL61、2005FY9和厄耳枯斯等，可能都会被归类为矮行星。估计柯伊伯带内直径大于50千米的天体会超过100000颗，但总质量可能只有地球质量的十分之一甚至只有百分之一。许多柯伊伯带的天体都有两颗以上的卫星，而且多数的轨道都不在黄道平面上。

柯伊伯带大致上可以分成共振带和传统的带两部分，共振带是

之一，质量则远小于月球），主要由岩石和冰组成。

柯伊伯带最初的形式，被认为是由与小行星大小相似，但主要是由冰组成的碎片与残骸构成的环带，扩散在距离太阳30至50天文单位之处。这个区域被认为是短周期彗星——像是哈雷彗星的来源。它

由与海王星轨道有共振关系的天体组成的（当海王星公转太阳三圈就绕太阳二圈，或海王星公转两圈时只绕一圈），其实海王星本身也算是共振带中的一员。传统的成员则是不与海王星共振，散布在39.4至47.7天文单位范围内的天体。传统的柯伊伯带天体以最初被发现的三颗之一的1992 QB1为名，被分类为类QB1天体。

冥王星（平均距离39天文单位）：冥王星是一颗矮行星，也是

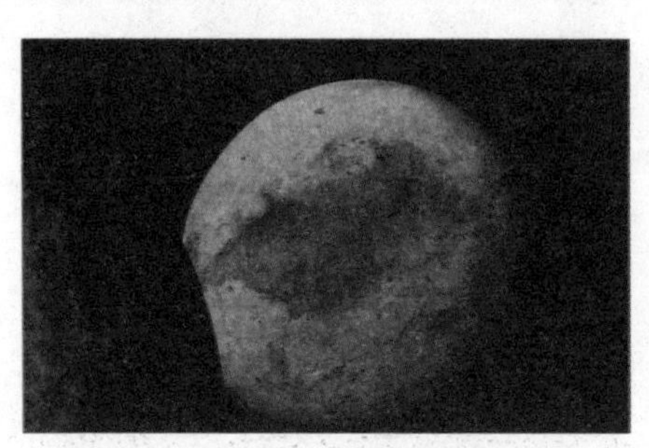

柯伊伯带内已知的最大天体之一。当它在1930年被发现后被认为是第九颗行星，直到2006年才重分类为矮行星。冥王星的轨道对黄道面倾斜17度，与太阳的距离在近日点时是29.7天文单位（在海王星轨道的内侧），远日点时则达到49.5天文单位。

目前，还不能确定卡戎是否应被归类为当前认为的卫星还是属于矮行星，因为冥王星和卡戎互绕轨道的质心不在任何一者的表面之下，形成了冥王星-卡戎双星系统。另外两颗很小的卫星尼克斯与许德拉，则绕着冥王星和卡戎公转。

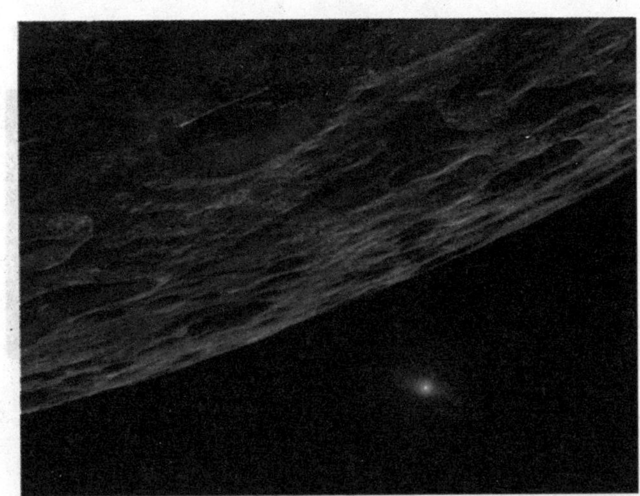

些天文学家认为黄道离散天体应该是柯伊伯带的另一部分，并且应该称为“柯伊伯带离散天体”。

阋神星（平均距离68天文单位）：阋神星是已知最大的黄道离散天体，并且引发了什么是行星的辩论。他的直径至少比冥王星大15%，估计有2400千米，是已知的矮行星中最大的。阋神星有

一颗卫星阋卫一，轨道也像冥王星一样有着很大的离心率，近日点的

冥王星在共振带上，与海王星有着3：2的共振（冥王星绕太阳公转二圈时，海王星公转三圈）。柯伊伯带中有着这种轨道的天体统称为类冥天体。

离散盘与柯伊伯带是重叠的，但是向外延伸至更远的空间。离散盘内的天体应该是在太阳系形成的早期过程中，因为海王星向外迁徙造成的引力扰动才被从柯伊伯带抛入反覆不定的轨道中。多数黄道离散天体的近日点都在柯伊伯带内，但远日点可以远至150天文单位；轨道对黄道面也有很大的倾斜角度，甚至有垂直于黄道面的。有

距离是38.2天文单位（大约是冥王星与太阳的平均距离），远日点达到97.6天文单位，对黄道面的倾斜角度也很大。

（5）最远的区域

太阳系于何处结束以及星际介质开始的位置没有明确定义的界线，因为这需要由太阳风和太阳引力两者来决定。太阳风能影响到星

际介质的距离大约是冥王星距离的四倍，但是太阳的洛希球，也就是太阳引力所能及的范围，应该是这个距离的千倍以上。

太阳圈可以分为两个区域，太阳风传递的最大距离大约在95天文单位，也就是冥王星轨道的三倍之处。此处是终端震波的边缘，也就是太阳风和星际介质相互碰撞与冲

激之处。太阳风在此处减速、凝聚并且变得更加纷乱，形成一个巨大的卵形结构，也就是所谓的日鞘，外观和表现像是彗尾，在朝向恒星风的方向向外继续延伸约40天文单位，但是反方向的尾端则延伸数倍于此距离。太阳圈的外缘是日球

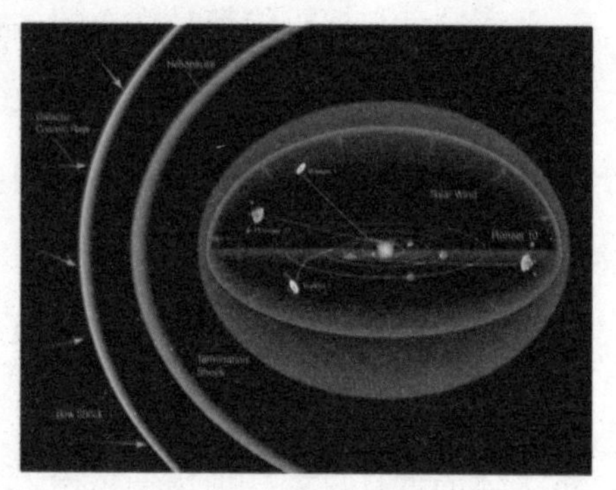

层顶，此处是太阳风最后的终止之处，外面即是恒星际空间。

太阳圈外缘的形状和形式很可

能受到与星际物质相互作用的流体动力学的影响。同时也受到在南端占优势的太阳磁场的影响。例如，它的形状在北半球比南半球多扩展了9个天文单位（大约15亿千米）。在日球层顶之外，在大约230天文单位处，存在着弓激波，它是当太阳在银河系中穿行时产生的。

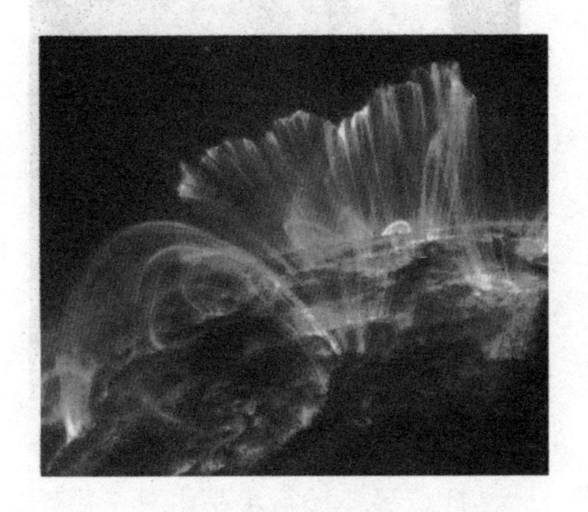

还没有太空船飞越到日球层顶之外，所以还不能确知星际空间的环境条件。而太阳圈如何保护在宇宙射线下的太阳系，目前所知甚少。为此，人们已经开始提出能够飞越太阳圈的任务。

奥尔特云是一个假设包围着太阳系的球体云团，布满着不少不活跃的彗星，距离太阳约50000至100 000个天文单位，差不多等于一光年，即太阳与比邻星距离的四分一。

理论上的奥尔特云有数以兆计的冰冷天体和巨大的质量，在大约5000天文单位，最远可达10000天文单位的距离上包围着太阳系，被认为是长周期彗星的来源。它们被认为是经由外行星的引力作用从内太阳系被抛至该处的彗星。奥尔特云的物体运动得非常缓慢，并且可以受到一些不常见的情况的影响，像是碰撞、或是经过天体的引力作用、或是星系潮汐。

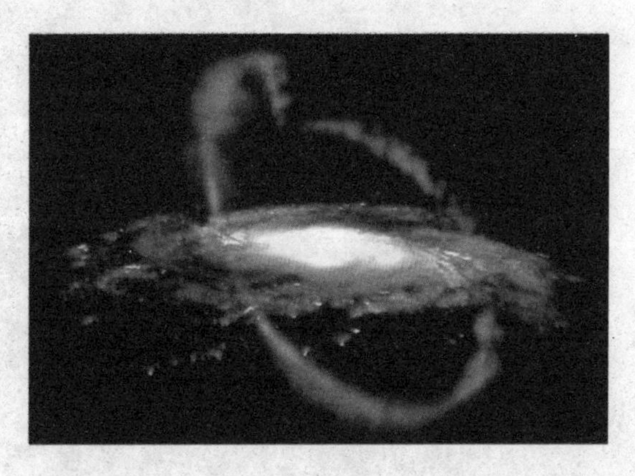

疆界：我们的太阳系仍然有许多未知数。考量邻近的恒星，估计太阳的引力可以控制2光年（125 000天文单位）的范围。奥尔特云向外延伸的程度，大概不会超过50000天文单位。尽管发现的塞德娜，范围在柯伊伯带和奥尔特云之间，仍然有数万天文单位半径的区域是未曾被探测的。水星和太阳之间的区域也仍在持续的研究中。在太阳系的未知地区仍可能有所发现。

矮行星：矮行星是由冥王星、谷神星、齐娜星和卡戎星组成的。

第六章

神秘的月亮

在中国古代神话中，关于月亮的故事数不胜数。中国关于月亮的神话最早载于《山海经》《楚辞》《淮南子》等古籍中，很多故事都是人们津津乐道的。在古希腊神话中，月亮女神的名字叫阿尔忒弥斯，她是太阳神阿波罗的孪生妹妹，同时她也是狩猎女神。月球的天文符号好象弯弯的月牙儿，象征着阿尔忒弥斯的神弓。

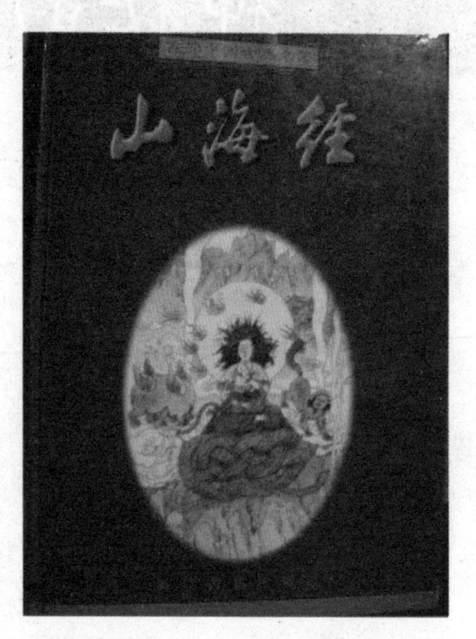

从这些神话故事中，足见月亮在古代人们的心里占有很重要的地位，月亮所带有的神秘气息使得人类更加关注它。月亮的起源之谜、月亮的年龄之谜、月亮上的土壤年龄比岩石年龄更高之谜等等都是人类迫切想解开的疑团。

月亮简介

月亮，也称月球，古称太阴，是指环绕地球运行的一颗卫星。年龄大约有46亿年。它是地球唯一的一颗卫星和离地球最近的天体，与地球之间的平均距离是384 400千米。

月球的平均直径约为3476千米，比地球直径的1/4稍大些。月球的表面积有3800万千米，还没有亚洲的面积大。月球的质量约7350亿亿吨，相当于地球质量的1/81，月面重力则差不多相当于地球重力的1/6。表面的最低温度是-183℃。

美丽传说

中国神话故事

——嫦娥奔月

相传，远古时候天上有十日同时出现，晒得庄稼枯死，民不聊生，一个名叫后羿的英雄，力大无穷，他同情受苦的百姓，登上昆仑山顶，运足神力，拉开神弓，一气射下九个太阳，并严令最后一个太阳按时起落，为民造福。

后羿因此受到百姓的尊敬和爱戴，后羿娶了个美丽善良的妻子，名叫嫦娥。后羿除传艺狩猎外，终日和妻子在一起，人们都羡慕这对郎才女貌的恩爱夫妻。

不少志士慕名前来投师学艺，心术不正的蓬蒙也混了进来。

一天，后羿到昆

仑山访友求道，巧遇由此经过的王母娘娘，便向王母求得一包不死药。据说，服下此药，能即刻升天成仙。然而，后羿舍不得撇下妻子，只好暂时把不死药交给嫦娥珍藏。嫦娥将药藏进梳妆台的百宝匣里，不料被小人蓬蒙看见了，他想偷吃不死药自己成仙。

三天后，后羿率众徒外出狩猎，心怀鬼胎的蓬蒙假装生病，留了下来。待后羿率众人走后不久，蓬蒙手持宝剑闯入内宅后院，威逼嫦娥交出不死药。嫦娥知道自己不是蓬蒙的对手，危急之时她当机立断，转身打开百宝匣，拿出不死药一口吞了下去。嫦娥吞下药，身子立时飘离地面、冲出窗口，向天上飞去。由于嫦娥牵挂着丈夫，便飞落到离人间最近的月亮上成了仙。

傍晚，后羿回到家，侍女们哭诉了白天发生的事。后羿既惊又怒，抽剑去杀恶徒，蓬蒙早逃走了，后羿气得捶胸顿足，悲痛欲绝，仰望着夜空呼唤爱妻的名字，这时他惊奇地发现，今天的月亮格外皎洁明亮，而且有个晃动的身影酷似嫦娥。他拼命地朝月亮方向追去，可是他追三步，月亮退三步，他退三步，月亮进三步，无论怎样也追不到。

后羿无可奈何，又思念妻子，只好派人到嫦娥喜爱的后花园里，摆上香案，放上她平时最爱吃的蜜食鲜果，遥祭在月宫里眷恋着自己的嫦娥。百姓们闻知嫦娥奔月成仙的消息后，纷纷在月下摆设香案，向善良的嫦娥祈求吉祥平安。

从此，中秋节拜月的风俗便在民间传开了。

月球之谜

◎ 月球起源之谜

20世纪60年代，人类就登上月球，开始了对月球的探索，但至今仍有许多未解之谜。通常探讨月球的起源有几个问题是必须考虑的。

对于这些基本问题，还有许多疑点，从而使得月球的起源问题，就更显得扑朔迷离。目前主要有以下几种说法：

（1）分裂说

分裂是最早解释月球起源的一种假设。早在1898年，著名生物学家达尔文的儿子乔治·达尔文就在《太阳系中的潮汐和类似效应》一文中指出，月球只是地球赤道隆起的一小部分，在太阳的引力和地球快速自转的作用下，这个隆起的部分就“飞”了出去，分裂成一个绕着地球旋转的卫星即月球，而遗留在地球上的大坑，就是现在的太平洋。这一观点很快就受到了一些人的反对。他们认为，地球的惯性离心力要达到把月球抛出去的程度是

不可能的，再说，如果月球是地球抛出去的，那么二者的物质成分就应该是一致的。可是通过对“阿波罗12号”飞船从月球上带回来的岩石样本进行化验分析，发现二者相差甚远。

（2）俘获说

俘获说认为，月球本来只是太阳系中的一颗小行星，有一次，因为运行到地球附近，被地球的引力所俘获，从此再也没有离开过地球。还有一种接近俘获说的观点认为，地球不断把进入自己轨道的物质吸积到一起，久而久之，吸积的东西越来越多，最终形成了月球。但也有人指出，向月球这样大的星球，地球恐怕没有那么大的力量能

将它俘获。

（3）同源说

同源说这一假设认为，地球和月球都是太阳系中浮动的星云，经过旋转和吸积，同时形成星体。在吸积过程中，地球比月球相应要快一点，成为“哥哥”。这一假设也受到了客观存在的挑战。通过对“阿波罗12号”飞船从月球上带回来的岩石样本进行化验分析，人们发现月球要比地球古老得多。有人认为，月球年龄至少应在70亿年左右。

（4）月球说

月球说是近年来关于月球成因的新假设。1986年3月20日，在休士顿约翰逊空间中心召开的月亮和行星讨论会上，美国洛斯阿拉莫斯国家实验室的本兹、斯莱特里和哈佛大学史密斯天体物理中心的卡梅伦共同提出了大碰撞假设。这一假设认为，太阳系演化早期，在星际空间曾形成大量的“星子”，星子通过互

相碰撞、吸积而长大。星子合并形成一个原始地球，同时也形成了一个相当于地球质量0.14倍的天体。这两个天体在各自演化过程中，分别形成了以铁为主的金属核和由硅酸盐构成的幔和壳。

由于这两个天体相距不远，因此相遇的机会就很大。一次偶然的机会，那个小的天体以每秒5千米左右的速度撞向地球。剧烈的碰撞不仅改变了地球的运动状态，使地轴倾斜，而且还使那个小的天体被撞击破裂，硅酸盐壳和幔受热蒸发，膨胀的气体以及大的速度携带大量粉碎了的尘埃飞离地球。这些飞离地球的物质，主要有碰撞体的幔组成，也有少部分地球上的物质，比例大致为0.85：0.15。在撞击体破裂时与幔分离的金属核，因受膨胀飞离的气体所阻而减速，大约在4小时内被吸积到地球上。飞离地球的气体和尘埃，并没

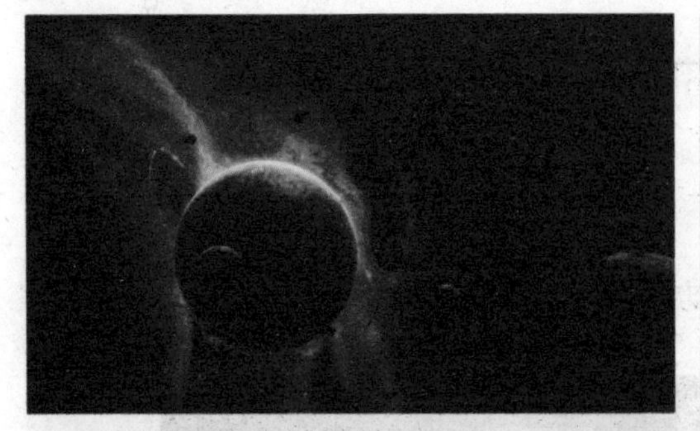

有完全脱离地球的引力控制，他们通过相互吸积而结合起来，形成全部熔融的月球，或者是先形成几个分离的小月球，在逐渐吸积形成一个部分熔融的大月球。

（5）新俘获说

月球来自哪里？这是一个人们在不断探求的问题，近年来，随着行星演化理论的飞跃发展以及现代电脑技术的广泛应用，又出现了一种月球起源的新学说，叫做新俘获说。

①从行星演化看月球起源

近几年来，科学家们以现代行星演化理论为基础，用计算机计算了在太阳系形成的初期，作用于太阳、地球、月亮三者之间的力以后，得出了一种新的月球起源学说。科学家们认为，月球是在地球形成的初期，在地球的引力范围内被地球所俘获的；而这种现象在当时又是极为普遍的现象。这种新学说，即所谓新

俘获说。

新俘获说与过去的旧俘获说不同。旧说仅从地球引力来考虑月球起源；而新说是从整个太阳系行星形成过程来研究月球起源的。新说认为太阳系八大行星及若干卫星，包括月球在内，都起源于原始太阳系星云。原始太阳系星云是46亿年前在原始太阳周围形成的一片薄圆盘状星云。星云中含有固体微粒子。大量微粒子逐渐集聚在星云赤道平面上，形成一片很薄的固体粒子层，随着微粒子密度的加大，自身引力也越来越强，到一定程度其稳定性便遭到破坏，粉碎成半径为5千米左右的很多小天体，即小行星。整个太阳系起初是由约一兆个小行星构成的。无数小行星在星云气体中围绕太阳旋转，互相碰撞，逐渐凝聚成长，形成大小不同的行星。地球就是这样，大约经过一千万年才长成现在这么大的。

行星是在星云气体中成长的。

地球的幼年时期周围覆盖着浓厚的星云气体，这种气体叫做原始大气。由于当时太阳活动特别激烈，强大的太阳风逐渐吹散原始大气，后来包围地球的原始大气也逐渐稀薄，飘散掉了。

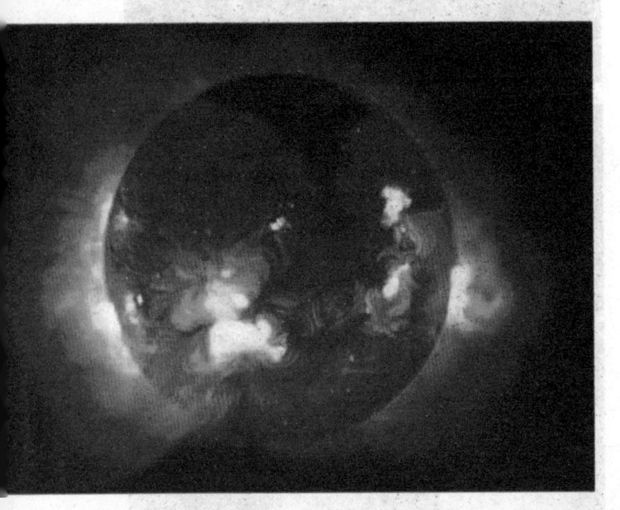

月球也起源于原始太阳系星云，与地球演化过程大体相同。月球是在地球刚到成年，原始大气开始逸散之际飞近地球引力圈的，这样便成了地球的俘虏。

②俘获月球的四种力

月球进入地球引力圈后，受到很多力的作用才留在卫星轨道上绕行。俘获月球主要有四种力，即地球引力、太阳引力、潮汐力和原始大气的阻力。

一般来说，飞进地球引力圈的小天体，包括月球在内受到最大的力就是地球引力。然而，仅有地球引力，俘获后的小天体轨道未呈椭圆形。地球引力加上太阳引力之后，使小天体轨道有了改变。在地球和太阳引力作用下，进入地球引力圈内的小天体的轨道也不完全是椭圆形的，而且飞行若干周之后必然脱离引力圈跑掉，不可能留在卫星轨道上。

但是，月球并未脱离地球引力

圈跑掉，这是由于原始大气的阻力在起作用。地球引力圈内的原始大气阻力对飞来的月球起了急剧的制动作用，使月球失去一部分能量，轨道半径变小，便跑不掉了。

如此说来，月球因受大气阻力作用轨道半径越来越小，岂不是早晚也得掉到地球上来，与地球相撞吗？不必担心，当月球飞进地球引力圈时，原始大气已开始逐渐飘散，月球所受的大气阻力越来越小，原始大气消失后，月球所受阻力也随之消失，因而轨道半径没有变小，也没有与地球相撞。

大气阻力消失后，还有潮汐力在起作用。在潮汐力作用下，月球公转速度加快，离心作用强化，轨道反而向外推移。通过观

测得知，目前月球轨道半径事实上每年大约增加3厘米。

在上述四种力的作用下，使月球在被俘后既未掉到地球上来，也没跑到引力圈外去，始终在卫星轨道上运行，与地球长期相伴。

行星俘获小天体是行星演化进程中的一种普遍现象，不仅地球这样，太阳系其他行星也有这种现象。不少行星都各有自己的卫星，就是最好的说明。地球在形成过程中，曾有许多小天体飞到引力圈内来，其中一部分小天体直接与地球相撞，其余大部分在绕地球飞行期间，因原始大气的强大阻力使轨道半径变小，最后终于落到原始地球上来。地球是在不断“吞掉”这些飞来的小天体当中成长起来的。

月球被俘获时间比其他小天体都晚，月球是在地球凝聚末期、原始大气逸散初期被俘的。月球被俘的最初10～100年期间，和其他小天体一样，轨道半径也在缩小，但原始大气消失后，月球轨道半径有了改变，月球后来的离心倾向使它幸存下来，免被地球“吞掉”。法国科学家F·米古纳曾对月球

被俘后轨道变化的趋势作了计算，该计算显示：刚被俘的月球距离地球较近，1千万年后月球轨道半径为地球半径的20倍，1亿年后为35倍，46亿年后达到60倍，即现在的位置。

自从俘获月球后，地球几乎再也没有俘获其他小天体。因为已有月球绕地球飞行，如果再有其他小天体飞来，依据天体力学原理，不会处于稳定状态，它不是掉到地球上来，就是飞出去，再不就是落到月球上去。所以，地球只有月球一个卫星陪伴。

俘获现象是普遍的，整个太阳系行星都是如此，只有金星是个例外。金星的自转速度很慢，约250天自转一周，不可能俘获行星，因此至今还孑然一身漫游在天空。

新俘获说从行星演化的整体上阐明了月球的起源以及被俘经过，是目前解释月球起源问题最有权威的学说。但这一新学说还有一些尚待研究的问题，例如，没有原始大气阻力能否俘获卫星？顺行性卫星和逆行性卫星的

被俘有何不同？经过科学家们的反复研究，人类对地球起源问题必将有一个正确而全面的认识。

③原始行星与地球相撞形成了月球

《自然》杂志曾经上公布了科学家用计算机模拟月球形成过程的成果。据他们的模型，月球是在46亿年前太阳诞生后不到1亿年时，由一个火星大小的物体撞击地球产生的。

这个模型的研究者卡那珀描述了这一惊心动魄的过程：一个黑暗的比地球大不到一倍半的原始行星在运行中和地球相遇，从侧面给了地球一击，使地球绕自己的轴旋转起来，撞击的冲击力从地球的外层和这个无名撞击物上撕下了部分物质，其中大约一半最后形成了月球。另一些被撕下来的物质被加热到不可想象的程度，蒸发后膨胀。

因此，以上的月球起源原因看似有一定的道理，但是要想解开月球真正的的起源之谜，还需要科学家们不懈地努力。

美丽传说

中国神话故事

——吴刚折桂

传说一：

南天门的吴刚和月亮里的嫦娥很要好，但他经常与嫦娥相会，而疏于职守。玉皇大帝知道后，一气之下，就罚吴刚到月亮里去砍一棵叫月桂的大树，如果吴刚不砍光这棵月亮树，便不能重返南天门，亦不能与嫦娥相会。

吴刚砍啊，砍啊，从冬天砍到夏天，足足砍了半年，眼看快要将树砍光，玉帝却派乌鸦来到月亮树旁，“唰”的一声，把吴刚挂在树上的上衣叼去了。吴刚马上放下斧头，去追乌鸦。衣服追回后，吴刚回到树旁一看，只见被砍下的所有枝叶又生到树上去了。从此，每当吴刚快要砍光大树的时候，乌鸦就站在树上哇哇大叫，吴刚只要停下

斧头，望它一眼，大树便会重新长出枝叶。

这样，年复一年，吴刚总是砍不光这棵月亮树。而只有在每年八月十六那天，才有一片树叶从月亮上掉落地面上。要是谁拾获这片月桂树的叶子，谁就能得到用不完的金银珠宝。

传说二：

关于中秋节还有一个传说：相传月亮上的广寒宫前的桂树生长繁茂，有五百多丈高，下边有一个人常在砍伐它，但是每次砍下去之后，被砍的地方又立即合拢了。几千年来，就这样随砍随合，这棵桂树永远也不能被砍光。据说这个砍树的人名叫吴刚，是汉朝西河人，曾跟随仙人修道，到了天界，但是他犯了错误，仙人就把他贬谪到月宫，日日做这种徒劳无功的苦差使，以示惩处。李白诗中有“欲斫月中桂，持为寒者薪”的记载。

◎ 月球年龄之谜

月球作为地球的一个卫星围绕地球运动那么多年，那么月球的年龄究竟有多大呢？这个问题也一直是科学家十分困惑的。

科学家们通过对月球的考察中，获得了惊人的发现：从月球带回的岩石标本，经分析发现其中

99%的年龄要比地球上90%年龄最大的岩石更加年长。阿姆斯特朗在“寂静海”降落后拣起的第一块岩石的年龄是36亿岁。其他一些岩石的年龄为43亿岁、46亿岁和45亿岁——它几乎和地球及太阳系本身的年龄一样大，地球上最古老的岩石是37亿岁。1973年，世界月球研讨会上曾测定一块年龄为53亿岁的月球岩石。更令人不解的是，这些古老的岩石都采自科学家认为是月球上最年轻的区域。根据这些证据，有些科学家提出，月球在地球形成之前很久很久便已在星际空间形成了。

那么，月球的真正年龄究竟是多大呢？对于这个疑问，科学家们也没能做出准确的回答，相信随着科学技术的进一步发展，月球年龄之谜也必将能够浮出水面。

◎ 月球土壤的年岁比岩石年岁更大之谜

人类正在不懈的对月球进行一系列的研究，在不断的研究过程中，又遇到了新的问题，月球土壤

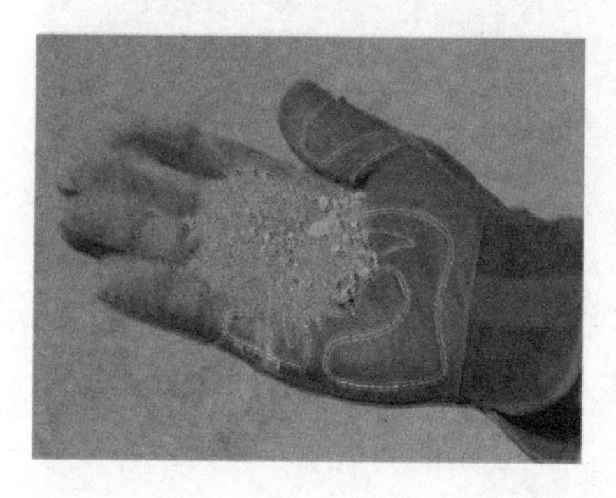

的年龄比岩石的年龄大的原因又称为了一个关于月球的不解之谜。

月球古老的岩石已使科学家束手无策，然而，和这些岩石周围的土壤相比，岩石还算是年轻的。据分析，土壤的年龄至少比岩石大10亿年。乍一听来，这是不可能的，因为科学家认为这些土壤是岩石粉碎后形成的。但是，测定了岩石和土壤的化学成份之后，科学家发现，这些土壤与岩石无关，似乎是从别处来的。

那么，这些与岩石化学成分不一样的土壤有事从哪里来的呢？是通过什么样的方式来的呢？科学家们目前还没有揭开其中的秘密。

◎ 月球发出空心球似的声音之谜

月球的谜团层出不穷，科学家在研究现有困惑的时候又发现了新的疑问。当巨大物体袭击月球时，月球发出空心球似的声音，这个奇怪的现象又引起了天文学家的好奇。

在“阿波罗”探险过程中，废弃的火箭第三节推进器会轰地一

下撞在月球表面。据美国航空航天局的文件记载，“每一次这样的响声，听起来仿佛是一个大铃铛的声音。”当登月人员降落在颜色特别黑的平原上时，他们发现要在月球表面钻孔十分困难。土壤样品经分析后发现，其中含有大量地球上稀有的金属钛（它被用于超音速喷气机和宇宙飞船上）；另一些硬金属，如锆、铱、铍的含量也很丰富。科学家觉得迷惑不解，因为这些金属只有在很高的温度——约华氏4500度下，才会和周围的岩石融为一体。

那么，在巨大物体撞击月球时发出的类似空心球的声音是怎么造成的呢？这个问题等待科学家们经过艰辛的探索之后才能找到答案。

◎ 不锈铁之谜

众所周知，一般，铁在氧气存在的条件下是可以被氧化的，但是，月球上的铁在有氧存在的条件下却没有被氧化生锈，这的确是一件让人感到不可思议的事情。

月面岩石样其中还含有纯铁颗粒，科学家认为它们不是来自陨星。前苏联和美国的科学家还发现了一个更加奇怪的现象：这些纯铁颗粒在月球上放了7年还不生锈。在科学世界里，不生锈的纯铁是闻所未闻的。

◎ 月球放射性之谜

月亮中厚度为8英里的表层具有放射性，这也是一个惊人的现象。当“阿波罗15”的宇航员们使用温度计测月球温度时，他们发现读数高得出奇，这表明，

亚平宁平原附近的热流的确温度很高。一位科学家惊呼："上帝啊，这片土地马上就要熔化了！月球的核心一定更热。"然而，令人不解的是，月心温度并不高。这些热量是从月球表面大量放射性物质发出的，可是这些放射性物质（铀、钍和钚）是从哪里来的？假如它们来自月心，那么它们怎么会来到月球表面？种种的疑问不断提出，人们期待着这些疑问早日浮出水面。

◎ 月球的磁场之谜

众所周知，地球上有很大的磁场，那么月球上面是不是会和地球一样也具有磁场呢？

早先探测和研究表明月球几乎没有磁场，可是对月球岩石的分析却证明它有过强大的磁场。这一现象令科学家大惑不解，保罗·加斯特博士宣称："这里的岩石具有非常奇特的磁性……完全出乎我们意料。"如果月球曾经有过磁场，那么它就应该有个铁质的核心，可是可靠的证据显示，月球不可能有这样一个核心；而且月球也不可能从别的天体（诸如地球）获得磁场，因为假如真是那样的话，它就必须离地球很近，这时它会被地球引力撕得粉碎。

就此，月球磁场现象就成为一个解不开的谜。

中国神话故事

——朱元璋与月饼起义

中秋节吃月饼相传始于元代。当时，中原广大人民不堪忍受元朝统治阶级的残酷统治，纷纷起义抗元。朱元璋联合各路反抗力量准备起义。但朝廷官兵搜查的十分严密，传递消息十分困难。军师刘伯温便想出一计策，命令属下把藏有“八月十五夜起义”的纸条藏入饼里面，再派人分头传送到各地起义军中，通知他们在八月十五日晚上起义响应。到了起义的那天，各路义军一齐响应，起义军如星火燎原。

很快，徐达就攻下元大都，起义成功了。消息传来，朱元璋高兴得连忙传下口谕，在即将来临的中秋节，让全体将士与民同乐，并将当年起兵时以秘密传递信息的“月饼”，作为节令糕点赏赐群臣。此后，“月饼”制作越发精细，品种更多，大者如圆盘，成为馈赠的佳品。以后中秋节吃月饼的习俗便在民间流传开来。

在中秋节，我国自古就有赏月的习俗，《礼记》中就记载有“秋暮夕月”，即祭拜月神。到了周代，每逢中秋夜都要举行迎寒和祭月。设大香案，摆上月饼、西瓜、苹果、李子、葡萄等时令水果，其中月饼和西瓜是绝对不能少的。西瓜还要切成莲花状。

在唐代，中秋赏月、玩月颇为盛行。在宋代，中秋赏月之风更盛，据《东京梦华录》记载：“中秋夜，贵家结饰台榭，民间争占酒楼玩月”。每逢这一日，京城的所有店家、酒楼都要重新装饰门面，牌楼上扎绸挂彩，出售新鲜佳果和精制食品，夜市热闹非凡，百姓们多登上楼台，一些富户人家在自己的楼台亭阁上赏月，并摆上食品或安排家宴，团圆子女，共同赏月叙谈。

明清以后，中秋节赏月风俗依旧，许多地方形成了烧斗香、树中秋、点塔灯、放天灯、走月亮、舞火龙等特殊风俗。

月　海

◎ 什么是月海

所谓的月海，并非月球上面的海洋，而是指肉眼看到的月面上的暗淡黑斑，其实是月球上广阔的平原。月球上比较低洼的平原，并无一滴水存在。到目前为止，人类还没有在月球上发现液态的水。其之所以被称之为“海”，是因为早期的观察者，发现到月面有部分地区较暗。而在当时无法清晰观察到月球表面的情况下，观察者们按照其对地球的认识，猜测该地区为海洋，因而其反光度比

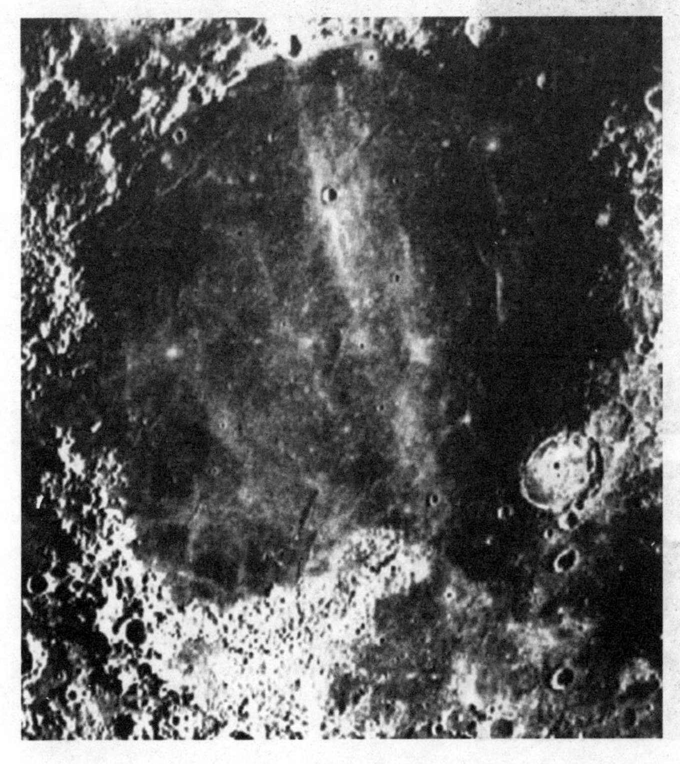

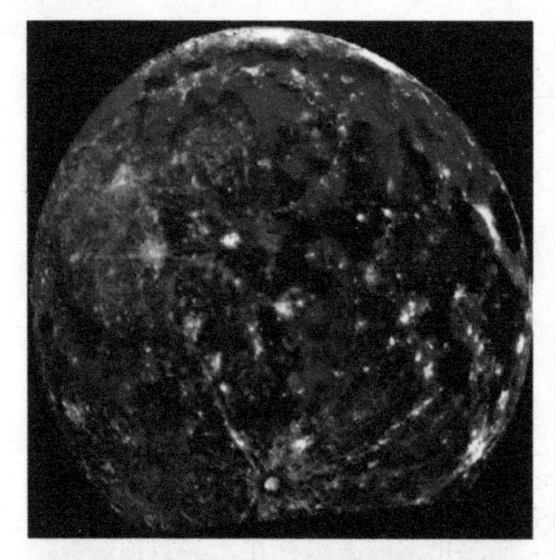

其他地方较低。相对地，其他比较光亮的地方也就被称之为月陆了。

肉眼所见月面上的阴暗部分实际上是月面上的广阔平原。由于历史上的原因，这个名不副实的名称保留到了现在。已确定的月海有22个，此外还有些地形称为“月海”或“类月海”。公认的22个绝大多数分布在月球正面，背面有3、4个在边缘地区。在正面的月海面积略大于50%，其中最大的“风暴洋”面积约五百万平方千米，差不多九个法国的面积总和。大多数月海大致呈圆形，椭圆形，且四周多为一些山脉封闭住，但也有一些海是连成一片的。

除了“海”以外，还有被称为湖的“月湖”；被称为湾的“月湾”；被称为沼的“月沼”。如：五个地形与之类似的“湖”有梦湖、死湖、夏湖、秋

湖、春湖，但有的湖比海还大，比如梦湖面积7万平方千米，比汽海等还大得多。月海伸向陆地的部分称为“湾”和“沼”，都分布在正面。湾有五个：露湾、暑湾、中央湾、虹湾、眉月湾；沼有腐沼、疫沼、梦沼三个，其实沼和湾没什么区别。月海的地势一般较低，类似地球上的盆地，月海比月球平均水准面低1000~2000米，个别最低的海如雨海的东南部甚至比周围低6000米。月面的返照率（一种量度反射太阳光本领的物理量）也比较低，因而看起来显得较黑。

◎ 月海的形成

比较多的人认为月海是小天体撞击月球时，撞破月壳，使月幔流出，玄武岩岩浆覆盖了低地，形成了月海。但也有科学家根据对月球各类岩石成份、构造与形成年龄的研究，认为月球约形成于45.6亿年前。月球形成后

曾发生过较大规模的岩浆洋事件，通过岩浆的熔离过程和内部物质调整，于41亿年前形成了斜长岩月壳、月幔和月核。在40~39亿年前，月球曾遭受到小天体的剧烈撞击，形成广泛分布的月海盆地，称为雨海事件。在39~31.5亿年前，月球发生过多次剧烈的玄武岩喷发事件，大量玄武岩填充了月海，厚度达500~2500米，称为月海泛滥事件。月海因此而成。两个观点的区别在于，前一观点认为小天体的撞击和玄武岩的喷发是同时发生的；而后一观点则认为是发生在两个年代。

◎ 月海的地理特征及分布

月球表面有雨海、静海、危海、澄海、丰富海等23个月海。大多数月海分布在月球近地面。月球的远地面仅有3个月海，还有4个在边缘地区。形成月海分布如此不均的原因相信是地球的引力。由于月球的一面永远面向地球，历经亿万年的引力影响之后，科学家相信月球的质心比形心更接近地球。所以月幔更容易从近地面流出，使近地面的撞击坑更容易被玄武岩岩浆所“灌

溉”，从而导致了分布不均的现象。雨海面积约为90万平方千米；月面中央的静海约有26万平方千米。月海的面积占月面总面积的16%。美国“阿波罗”宇宙飞船曾6次在月海上登陆，如“阿波罗-11”号、“阿波罗-17”号着陆于静海，“阿波罗-12”号着落于风暴洋。宇航员身穿宇航服，在“海面”上行走，并留下一串串约3厘米深的脚印。发现月面的尘土是近于灰色的纤细粉末，有点像带有粘性的木炭屑。

◎ 月海的资源

填充月海的玄武岩就犹如一个巨大的的钛铁矿的储存库。据专家的模式计算，共约有体积为106万立方千米的玄武岩分布在月海平原或盆地上。通过已有的探测结果，特别是“克莱门汀”号月球探测器的多光谱探测数据，配以目前地球上钛铁矿开采的品位为参考值，可计算出这些玄武

岩中钛铁矿达到开发程度的资源量超过100万亿吨。尽管这样所得的结果带着很大的推测性与不确定性。但可以肯定的是，月海玄武岩确实蕴藏着丰富的钛铁矿。而且，钛铁矿不仅是生产金属铁、钛的原料，还是生产水和火箭燃料——液氧的主要原料。这意味着对月海玄武岩的探测尤为重要。但遗憾的是，目前对月海玄武岩厚度的探测程度很低，影响了月海玄武岩总体积的计算精度，进而影响了钛铁矿开发利用前景评估的可靠性。

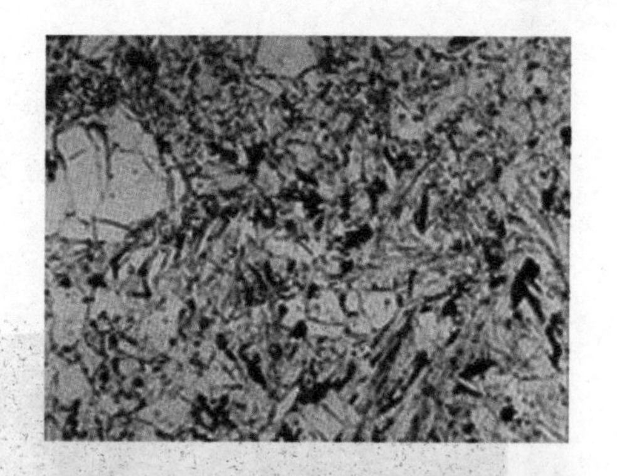

中国神话故事

——天狗吞月

传说古时候，有一位名叫“目连”的公子，生性好佛，为人善良，十分孝顺母亲，但是，目连之母，身为娘娘，生性暴戾，为人

好恶。

有一次，目连之母突然心血来潮，想出了一个恶主意：和尚念佛吃素。我要作弄他们一下，开荤吃狗肉。她吩咐家丁做了

三百六十只狗肉馒头，说是素馒头，要到寺院去施斋。目连知道了这件事，劝说母亲，但是母亲不听，目连忙叫人去通知了寺院方丈。方丈就准备了三百六十只素馒头。藏在每个和尚的袈裟袖子里。目连之母来施斋，发给每个和尚一个狗肉馒头。和尚在饭前念佛时，用袖子里的素馒头将狗肉馒头调换了一下，然后吃了下去。目连之母见和尚们个个吃了她的馒头，“嘿嘿”拍手大笑说：“今日和尚开荤啦！和尚吃狗肉馒头啦！”方丈双手合十，连声念道：“阿弥陀佛，罪过，罪过！”事后，将三百六十只狗肉馒头，在寺

院后面用土埋了。

这事被天上玉帝知道后，十分震怒。将目连之母打下十八层地狱，变成一只恶狗，永世不得超生。

目连是个孝子，得知母亲打入地狱。他日夜修炼，终于成了地藏菩萨。为救母亲，他用锡杖打开地狱门。目连之母和全部恶鬼都逃出地狱，投生凡间作乱。玉帝大怒，令目连下凡投身为黄巢。后来“黄巢杀人八百万”，传说就是来收这批从地狱逃出来的恶鬼。

目连之母变成的恶狗，逃出地狱后，因十分痛恨玉帝，就窜到天庭去找玉帝算帐。她在天上找不到玉帝，就去追赶太阳和月亮，想将它们吞吃了，让天上人间变成一片黑暗世界。这只恶狗没日没

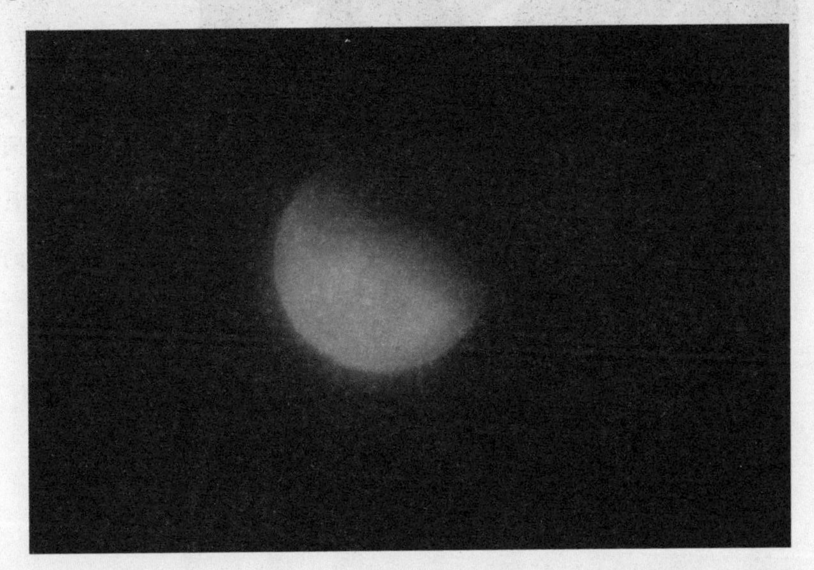

夜地追呀追！她追到月亮，就将月亮一口吞下去；追到太阳，也将太阳一口吞下去。不过目连之母变成的恶狗，最怕锣鼓、燃放爆

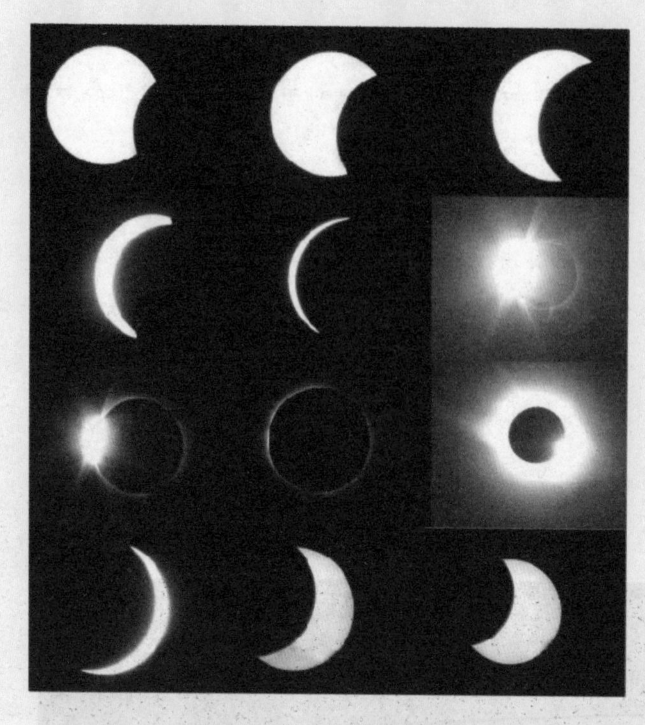

竹，吓得恶狗吞下的太阳、月亮，又只好吐了出来。太阳、月亮获救后，又日月齐辉，重新运行。恶狗不甘心又追赶上去，这样一次又一次就形成了天上的日蚀和月蚀。民间就叫“天狗吃太阳”“天狗吃月亮”。直到现在，每逢日蚀、月蚀时，不少城乡百姓还流传着敲锣击鼓、燃放爆竹来赶跑天狗的习俗。

第七章

其他行星

太阳系是宇宙中我们比较熟悉的星系，在太阳系中，有许多行星还是非常值得我们研究的。

水星是八大行星中距离太阳最近的行星，水星上是否有水的问题一直是困扰着人们；金星旋转速度如此的快，可是在金星上空还有大气层包围，这也是人们难以解开的谜；木星上的大红斑是十分耀眼的，给人无尽的遐想，形成原因至今难解；土星是太阳系中最美丽的行星，头戴草帽，天生一副贵妇的样子，也是人类十分关注的星球；天王星和冥王星是距离太阳最远的行星，它们也是太阳系中不可或缺的成员。

目前，不断全面地探索宇宙及宇宙中各星际的地形、地理特征，已经成为全球人类探索地球外生命的新课题，因此，人类探索宇宙的计划和行动将永无止尽地进行下去。

水星是否有水之谜

水星在八大行星中是最小的行星，比月球大1/3，同时也是最靠近太阳的行星。水星目视星等范围是0.4～5.5。水星因为太接近太阳，所以常常被猛烈的阳光淹没，它的轨道距太阳4590万～6970万千米之间，因此望远镜也很少能够仔细观察它。水星也没有自然卫星。靠近过水星的探测器只有美国探测器水手10号和美国发射的信使号探测器。水手10号在1974—1975年探索水星时，只拍摄到大约45%的表面。信使号于2008年1月掠过水星。水星是太阳系中运动最快的行星，绕太阳一周只需88天，自转一周需58天15小时30分钟，水星上的一天相当于地球上的59天。

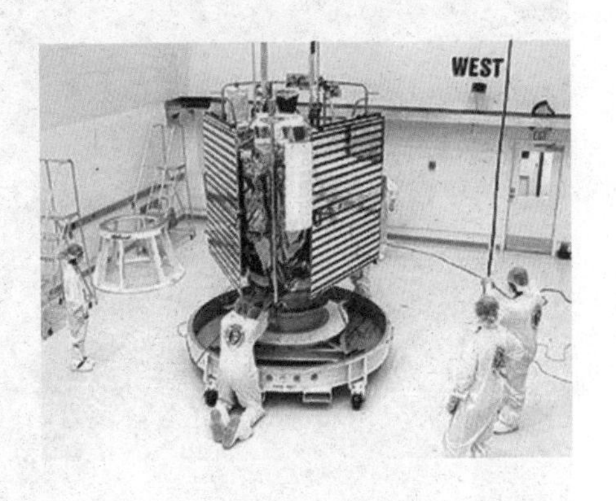

水星的英文名字“Mercury”来自罗马神话中众神的使者墨丘

利（对应希腊神话中的赫耳墨斯）。因为水星约88天绕太阳一圈，是太阳系中公转最快的行星。符号是上面一个圆形下面一个交叉的短垂线和一个半圆形，是墨丘利所拿魔杖的形状。在前5世纪，水星实际上被认为成两个不同的行星，这是因为它时常交替地出现在太阳的两侧。当它出现在傍晚时，它被叫做墨丘利；但是当它出现在早晨时，为了纪念太阳神阿波罗，它被称为阿波罗。毕达哥拉斯后来指出他们实际上是相同的一颗行星。

◎ 水星之最

在太阳系的九大行星中，水星获的了几个“最”的记录：

（1）离太阳最近

水星和太阳的平均距离为5790万千米，约为日地距离的0.387，是距离太阳最近的行星，到目前为止还没有发现过比水星更近太阳的行星。

（2）一“年”时间最短

地球每一年绕太阳公转一圈，而“水星年”是太阳系中最短的年。它绕太阳公转一周只用88天，还不到地球上的3个月。这都是因为水星围绕太阳高速飞奔的缘故。难怪代表水星的标记和符号是根据希腊神话，把它比作脚穿飞鞋，手持魔杖的使者。

（3）一“天”时间最长

在太阳系的行星中，水星“年”时间最短，但水星“日”却比别的行星更长，在水星上的一天（水星自转一周）将近两个月（为58.65地球日）。在水星的一年里，只能看到两次日出和两次日落，那里的一天半就是一年，地球人到了水星上多么不习惯。

（4）轨道速度最快

水星离太阳最近，所以受到太阳的引力也最大，因此在它的轨道

上比任何行星都跑得快，轨道速度为每秒48千米，比地球的轨道速度快18千米。这样快的速度，只用15分钟就能环绕地球一周。

（5）表面温差最大

水星因为没有大气的调节，距离太阳又非常近，所以在太阳的烘烤下，向阳面的温度最高时可达430℃，但背阳面的夜间温度可降到-160℃，昼夜温差近600℃，夺得行星表面温差最大的冠军，这真是一个处于火和冰之间的世界。

（6）卫星最少的行星

太阳系中现在发现了越来越多的卫星，总数超过60，但只有水星和金星是卫星数最少，或根本没有卫星的行星。

金星上的“迷雾”

金星是太阳系中八大行星之一，按离太阳由近及远的次序是第二颗。它是离地球最近的行星。中国古代称之为太白或太白金星。它有时是晨星，黎明前出现在东方天空，被称为“启明”；有时是昏星，黄昏后出现在西方天空，被称为“长庚”。金星是全天中除太阳和月亮外最亮的星，亮度最大时为-4.4等，比著名的天狼星（除太阳外全天最亮的恒星）还要亮14倍。

金星和水星一样，是太阳系中仅有的两个没有天然卫星的大行星。因此金星上的夜空中没有“月亮”，最亮的“星星”是地球。由于离太阳比较近，所以在金星上看太阳的大小比在地球上看到的要大1.5倍。

有人称金星是地球的孪生姐妹，确实，从结构上看，金星和地球有不少相似之处。金星的半径约为6073千米，只比地球半径小300千米，体积是地球的0.88倍，质量为地球的4/5；平均密度略小于地球。但两者的环境却有天壤之别：金星的表面温度很高，不存在液态水，

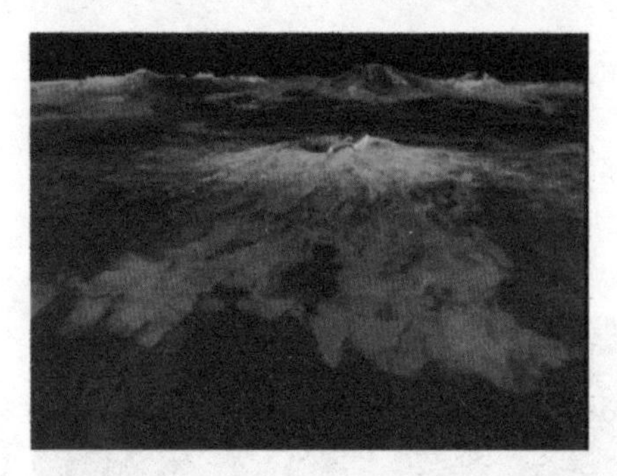

加上极高的大气压力和严重缺氧等残酷的自然条件，金星上不可能有任何生命存在。因此，金星上和地球只是一对“貌合神离”的姐妹。

金星周围有浓密的大气和云层。这些云层为金星表面罩上了一

层神秘的面纱。只有借助于射电望远镜才能穿过这层大气，看到金星

表面的本来面目。金星大气中，二氧化碳最多，占97%以上。同时还有一层厚达2 0000~3 0000的由浓硫酸组成的浓云。金星表面温度高达465℃~485℃，大气压约为地球的90倍。

金星的自转很特别，是太阳系内唯一逆向自转的大行星，自转方向与其他行星相反，是自东向西。因此，在金星上看，太阳是西升东落。金星绕太阳公转

的轨道是一个很接近正圆的椭圆形，且与黄道面接近重合，其公转速度约为每秒35千米，公转周期约为224.70天。但其自转周期却为243日，也就是说，金星的自

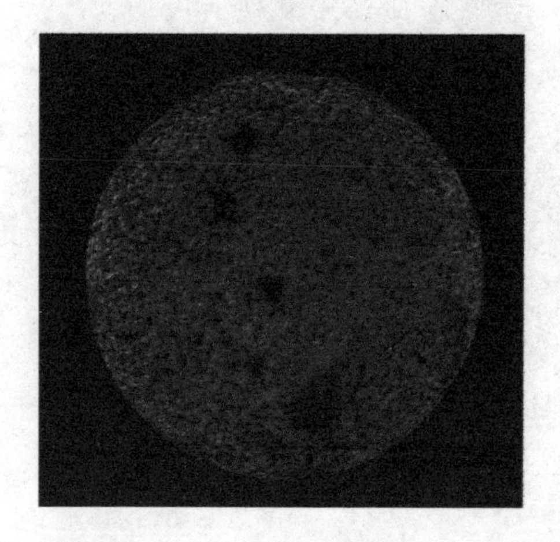

转恒星日一天比一年还长。不过按照地球标准，以一次日出到下一次日出算一天的话，则金星上的一天要远远小于243天。这是因为金星是逆向自转的缘故；在金星上看日出是在西方，日落在东方；一个日出到下一个日出的昼夜交替是地球上的116.75天。

金星逆向自转现象有可能是很久以前金星与其他小行星相撞而造成的，但是现在还无法证明。除了这种不寻常的逆行自转以外，金星还有一点不寻常。金星的自转周期和轨道是同步的，这么一来，当两颗行星距离最近时，金星总是以同一个面来面对地球（每5.001个金星日发生一次）。这可能是潮汐锁定作用的结果——当两颗行星靠得足够近时，潮汐力就会影响金星自转。当然，也有可能仅仅是一种巧合。

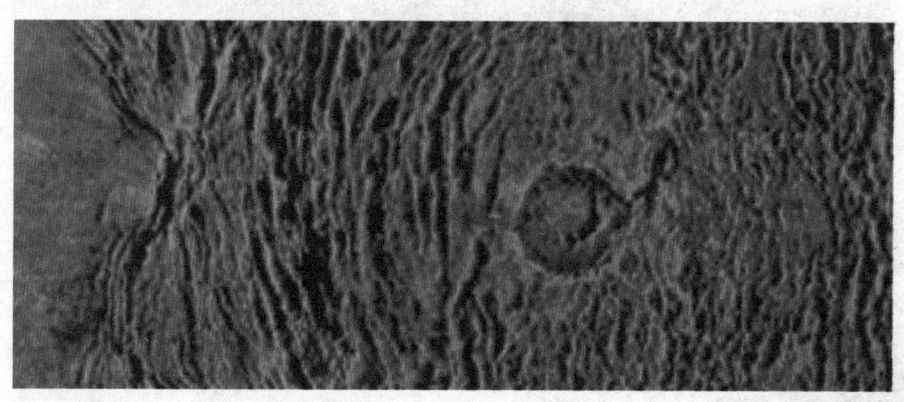

金星上的火山分布

金星上可谓火山密布，是太阳系中拥有火山数量最多的行星。已发现的大型火山和火山特征有1600多处。此外，还有无数的小火山，没有人计算过它们的数量，估计总数超过10万，甚至100万。

金星火山造型各异，除了较普遍的盾状火山，这里还有很多复杂的火山特征和特殊的火山构造。目前为止，科学家在此尚未发现活火山，但是由于研究数据有限，因此，尽管大部分金星火山早已熄灭，仍不排除小部分依然活跃的可能性。

金星与地球有许多共同之处：它们大小、体积接近；金星也是太阳系中离地球最近的行星，也被云层和厚厚的大气层所包围；同地球一样，金星的地表年龄也非常年轻，约5亿年左右。

不过这些基本的类似中，也存在很多不同点：金星的大气成分多为二氧化碳，因此它的地表具有强烈的温室效应。其大气压大约是地球的90倍，这差不多相当于地球海面下一千米处的水压。

金星地表没有水，空气中也没有水分存在，其云层的主要成分是硫酸，而且较地球云层的高度高得多。由于大气高压，金星上的风速也相应缓慢。这就是说，金星地表既不会受到风的影响也没有雨水的冲刷。因此，金星的火山特征能够清晰地保持很长一段时间。

金星没有板块构造，没有线性的火山链，没有明显的板块消亡地带。尽管金星上峡谷纵横，但没有哪一条看起来类似地球的海沟。

迹象表明，金星火山的喷发形式也较为单一。凝固的熔岩层显示，大部分金星火山喷发时，只是流出的熔岩流。没有剧烈爆发、喷射火山灰的迹象，甚至熔岩也不似地球熔岩那般泥泞粘质。这种现象不难理解。由于大气高压，爆炸性的火山喷发，熔岩中需要有巨大量的气体成分。在地球上，促使熔岩剧烈喷发的主要气体是水气，而金星上缺乏水分子。另外，地球上绝大部分粘质熔岩流和火山灰喷发都发生在板块消亡地带。因此，缺乏板块消亡带，也大大减少了金星火山猛烈爆发的几率。

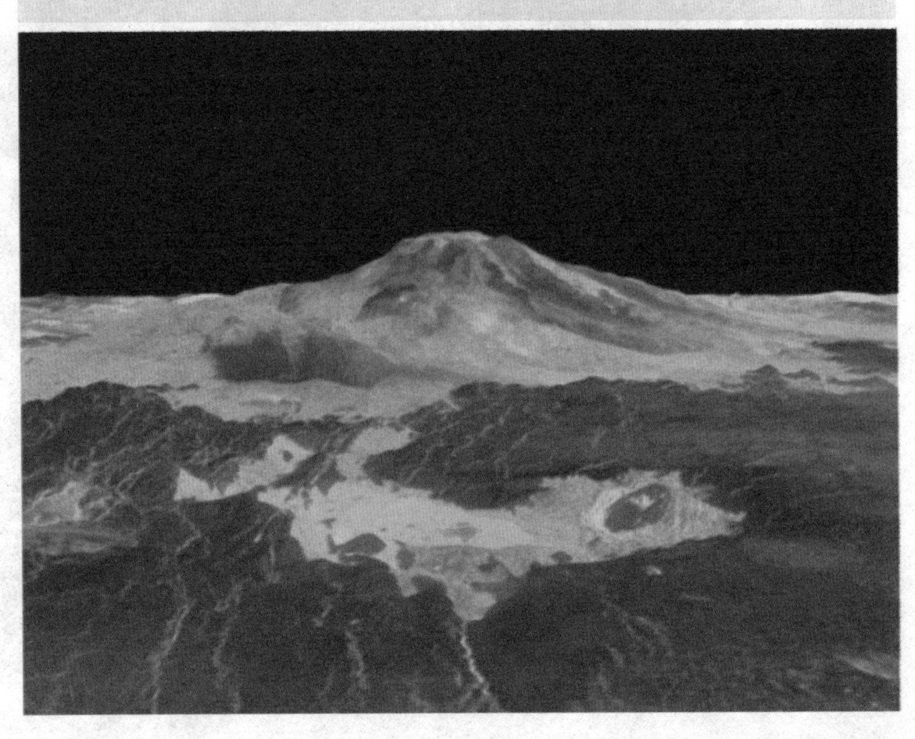

◎ 大气环境

金星的天空是橙黄色的。金星上也有雷电，曾经记录到的最长一次闪电持续了15分钟。

金星的大气主要由二氧化碳组成，并含有少量的氮气。金星的大气压强非常大，为地球的90倍，

相当于地球海洋中1千米深度时的压强。大量二氧化碳的存在使得温室效应在金星上大规模地进行着。如果没有这样的温室效应，温度会比现在下降400℃。在近赤道的低地，金星的表面极限温度可高达500℃。这使得金星的表面温度甚至高于水星，虽然它离太阳的距离要比水星大两倍，并且得到的阳光只有水星的四分之一。尽管金星的自转很慢（金星的“一天”比金星的“一年”还要长，赤道地带的旋转速度只有每小时6500米），但是由于热惯性和浓密大气的对流，昼夜温差并不大。大气上层的风只要4天就能绕金星一周来均匀的传递热量。

金星浓厚的云层把大部分的阳光都反射回了太空，所以金星表面接受到的太阳光比较少，大部分的阳光都不能直接到达金星表面。金

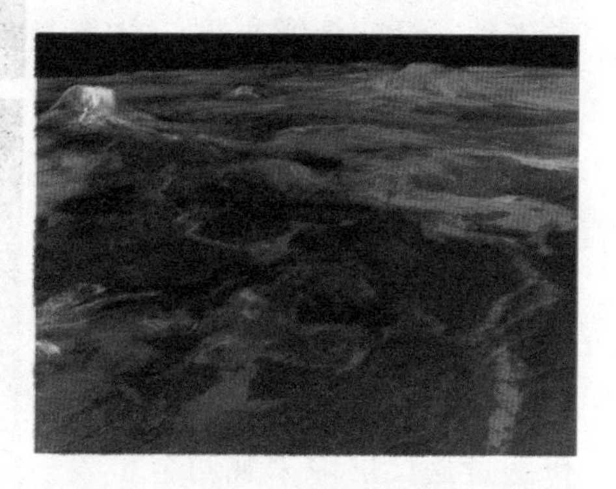

星热辐射的反射率大约是60%，可见光的反射率就更大。所以说，虽然金星比地球离太阳的距离要近，

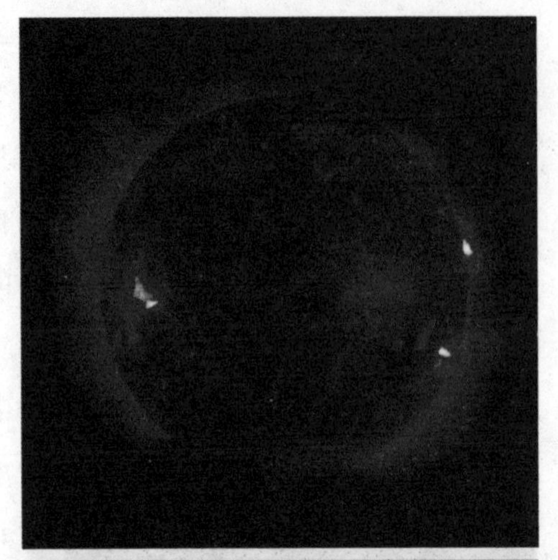

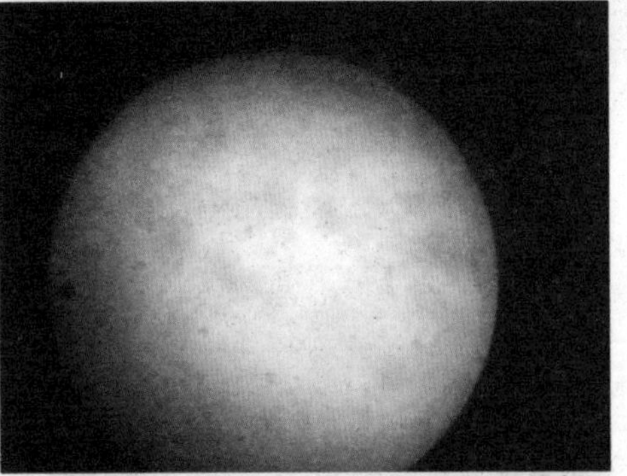

它表面所得到的光照却比地球少。如果没有温室效应的作用，金星表面的温度就会和地球很接近。人们常常会想当然的认为金星的浓密云层能够吸收更多的热量，事实证明这是非常荒谬的。与此相反，如果没有这些云层，温度会更高。大气中二氧化碳的大量存在所造成的温室效应才是吸收更多热量的真正原因。

2004年金星凌日在云层顶端金星有着每小时350千米的大风，而在表面却是风平浪静，每小时不会超过数千米。然而，考虑到大气的浓密程度，就算是非常缓慢的风也会有巨大的力量来克服前进的阻力。金星的云层主要是有二氧化硫和硫酸组成，完全覆盖整个金星表面。这让地球上的观测者难以透过这层屏障来观测金星表面。这些云层顶端的温度大约为-45℃。美国航空及太空总署给出的数据表明，金星表面的

温度是464℃。云层顶端的温度是金星上最低的，而表面温度却从不低于400℃。

金星表面的温度最高达447℃，是因为金星上强烈的温室效应，温室效应是指透射阳光的密闭空间由于与外界缺乏热交换而形成的保温效应。金星上的温室效应强得令人瞠目结舌，原因在于金星的大气密度是地球大气的100倍，且大气97%以上是“保温气体”——二氧化碳；同时，金星大气中还有一层厚达2000~3000米的由浓硫酸组成的浓云。二氧化碳和浓云只许太阳光通过，却不让热量透过云层散发到宇宙空间。被封闭起来的太阳辐射使金星表面变得越来越热。温室效应使金星表面温度高达465℃~485℃，且基本上没有地区、季节、昼夜的差别。它还造成金星上的气压很

高，约为地球的90倍。浓厚的金星云层使金星上的白昼朦胧不清，这里没有我们熟悉的蓝天、白云，天空是橙黄色的。云层顶端有强风，大约每小时350千米，但表面风速却很慢，每小时几千米不到。十分有趣的是，金星上空会像地球上空一样，出现闪电和雷暴。

金星的大气压力为90个标准大气压（相当于地球海洋深1千米处的压力），大气大多由二氧化碳组成，也有几层由硫酸组成的厚数千米的云层。这些云层挡住了我们对金星表面的观察，使得它看来非常模糊。这稠密的大气也产生了温室效应，使金星表面温度高达400度，超过了740开尔文（足以使铅条熔化）。金星表面自然比水星表面热，虽然金星比水星离太阳要远两倍。

金星的大气层主要为二氧化碳，占约96%，以及氮3%。在高度50至70千米的上空，悬浮着浓密的厚云，把大气分割为上下两层。云为浓硫酸液滴组成，其中还掺杂著硫粒子，所以呈现黄色。在气候良好的地球上，应该很难想象在太阳系中竟然有这样疯狂的世界。

金星接近地表的大气时速较为缓慢，只有每小时数千米，但上层的时速却可达每秒数百千米，金星自转的速度如此的缓慢，243个地球日才转一圈，但却有如此快速转动的上层大气，至今仍是个令人不解的谜团。

带有“桔红斑”的木星

◎ 木星简介

木星在太阳系的八大行星中体积和质量最大，它有着极其巨大的质量，是其他七大行星总和的2.5倍还多，是地球的318倍，而体积则是地球的1321倍。按照与太阳的距离由近到远排列，木星位列第五。同时，木星还是太阳系中自转最快的行星，所以木星并不是正球形的，而是两极稍扁，赤道略鼓。木星是天空中第四亮的星星，仅次于太阳、月球和金星（在有的时候，木星会比火星稍暗，但有时却要比金星还要亮）。木星主要由氢和氦组成，中心温度估计高达30500℃。

木星表面有一个大红斑，从东到西有40000千米，从北到南有

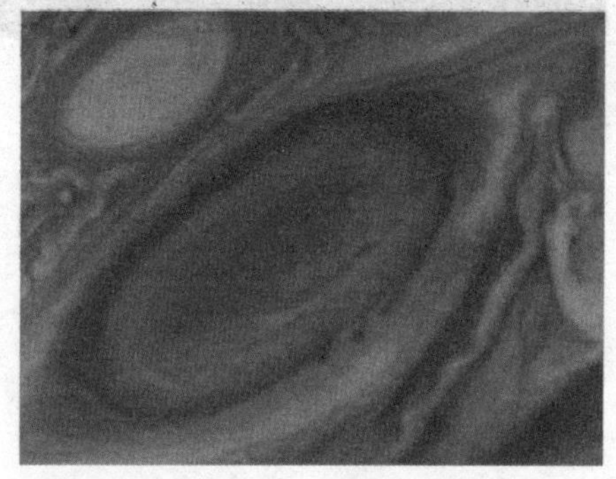

13000千米，面积大约453 250 000平方千米。对于它是什么目前仍有争论，很多人认为它是一个永不停息的旋风，它的范围可以吞没3个地球。

木星有一个同土星般的环，不过又小又微弱。它们的发现纯属意料之外，只是由于两个旅行者1号的科学家一再坚持航行10亿千米后，应该去看一下是否有光环存在。其他人都认为发现光环的可能性为零，但事实上它们是存在的。这两位科学家后来用地面上的望远镜将它们拍了下来。

木星光环中的粒子可能并不是稳定地存在（由大气层和磁场的作用）。这样一来，如果光环要保持形状，它们需被不停地补充。两颗处在光环中公转的小卫星：木卫十六和木卫十七，显而易见是光环资源的最佳候选人。

木星有一层厚而浓密的大气层，大气的主要成分是氢，占80%以上，其次是氦，约占18%，其余还有甲烷、氨、碳、氧和水汽等，总含量不足1%。由于木星有较强的内部能源，致使其赤道与两极温差不

大，不超过3℃，因此木星上南北风很小，主要是东西风，最大风速达130～150米/秒。木星大气中充满了稠密活跃的云系。各种颜色的云层像波浪一样在激烈翻腾着。在木星大气中还观测到有闪电和雷暴。由于木星的快速自转，因此能在它的大气中观测到与赤道平行的、明暗交替的带纹，其中的亮带是向上运动的区域，暗纹则是较低和较暗的云。

内核上则是大部分的行星物质集结地，以液态氢的形式存在。这些木星上最普通的形式基础可能只在40亿帕压强下才存在，木星内部就是这种环境（土星也是）。液态金属氢由离子化的质子与电子组成（类似于太阳的内部，不过温度低多了）。在木星内部的温度压强下，氢气是液态的，而非气态，这使它成为了木星磁场的电子指挥者与根源。同样在这一层也可能含有一些氦和微量的冰。

最外层主要由普通的氢气与氦气分子组成，它们在内部是液体，而在较外部则气体化了，我们所能

看到的就是这深邃的一层的较高处。水、二氧化碳、甲烷及其他一些简单气体分子在此处也有一点儿。

云层的三个明显分层中被认为存在着氨冰，铵水硫化物和冰水混合物。然而，来自伽利略号证明的初步结果表明：云层中这些物质极其稀少。但这次证明的地表位置十分不同寻常——基于地球的望远镜观察及更多的来自伽利略号轨道飞船的最近观察提示这次证明所选的区域很可能是那时候木星表面最温暖又是云层最少的地区。

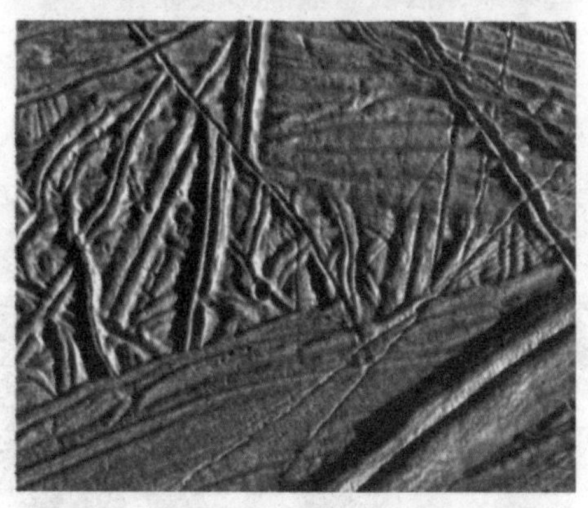

木星和其他气态行星表面有高速飓风，并被限制在狭小的纬度范围内，在接近纬度的风吹的方向又与其相反。这些带中轻微的化学成分与温度变化造成了多彩的地表带，支配着行星的外貌。光亮的表面带被称作区，暗的叫作带。这些木星上的带子很早就被人们知道了，但带子边界

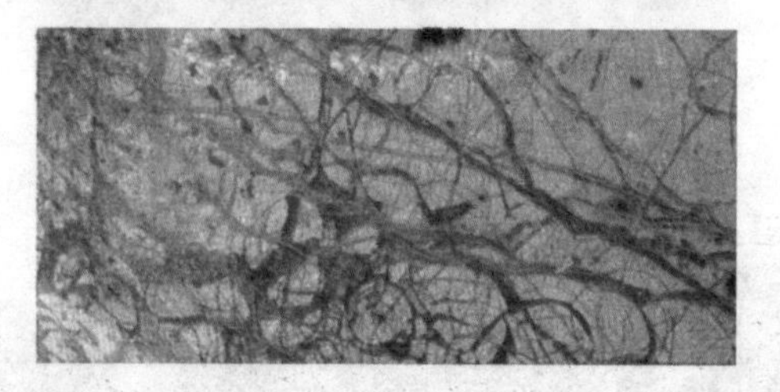

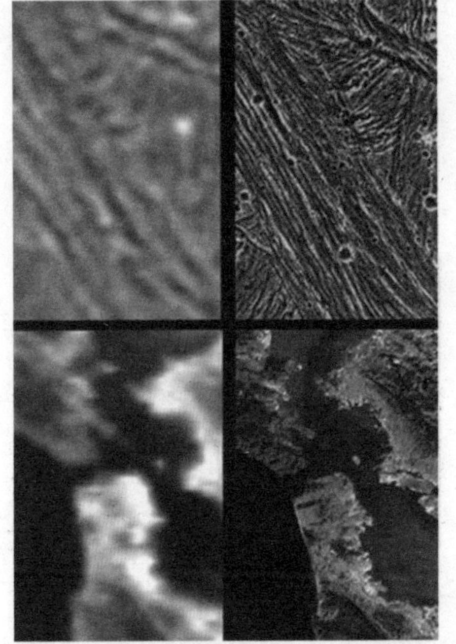

地带的漩涡则由旅行者号飞船第一次发现。伽利略号飞船发回的数据表明：表面风速比预料的快得多，并延伸到根所能观察到的一样深的地方，大约向内延伸有数千千米。木星的大气层相当紊乱，这表明由于它内部的热量使得飓风在大部分急速运动，不像地球只从太阳处获取热量。

木星表面云层的多彩可能是由大气中化学成分的微妙差异及其作用造成的，可能其中混入了硫的混合物，造就了五彩缤纷的视觉效果，但是其详情仍无法知晓。

色彩的变化与云层的高度有关：最低处为蓝色，跟着是棕色与白色，最高处为红色。我们通过高处云层的洞才能看到低处的云层。

◎ 大红斑

木星表面的大多数特征变化倏忽，但也有些标记具有持久和半持久的特征，其中最显著最持久，也是人们最熟悉的特征要算大红斑了。

大红斑是位于赤道南侧、长达2万多千米、宽约1.1万千米的一个

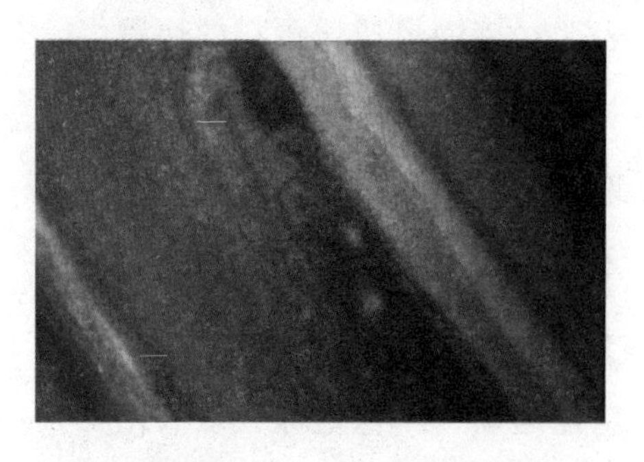

红色卵形区域。17世纪中叶，人们就开始对它进行时断时续的观测，1879年以后，开始对它进行连续的记录，并发现它在1879—1882年，1893—1894年，1903—1907年，1911—1914年，1919—1920年，1926—1927年，特别是在1936—1937年，1961—1968年，以及1973—1974年这些年代中，变得

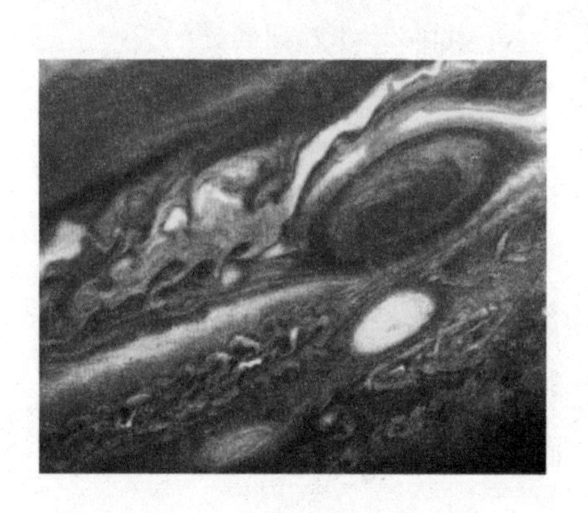

显眼和色彩艳丽。在其他时间，显得暗淡，只略微带红，有时只有红斑的轮廓。

大红斑是个什么结构？为什么是红色的？如何能持续这么长的时间？要了解这些问题，仅凭地面观测实在是无能为力的。

按照科学家雷蒙·哈依德的理论，大红斑是位于其下面的某种像山一类的永久特征所造成的大气扰动。但是“先驱者”发现木星表面

是流体，完全排除了木星外层具有固态结构表面的可能性，上述理论也就自然被扬弃了。

“旅行者1号”发回的照片使人清晰地看到，大红斑宛如一个以逆时针方向旋转的巨大漩涡，其浩翰宽阔足以容纳好几个地

球。从照片上还可以分辨出一些环状结构。仔细研究后，科学家们认为，在木星的表面覆盖着厚厚的云层，大红斑是耸立于高空、嵌在云层中的强大旋风，或是一团激烈上升的气流所形成的。

在木星上，类似大红斑的特征还有一些。譬如，在大红斑的偏南处，有3个白色卵形结构，它们首次出现于1938年。另外，1972年，地面观测发现木星的北半球上出现一个小红斑，18个月以后“先驱者10号”到达木星时，发现其形状和大小几乎同大红斑相似。再过一年，“先驱者11号”经过木星时，

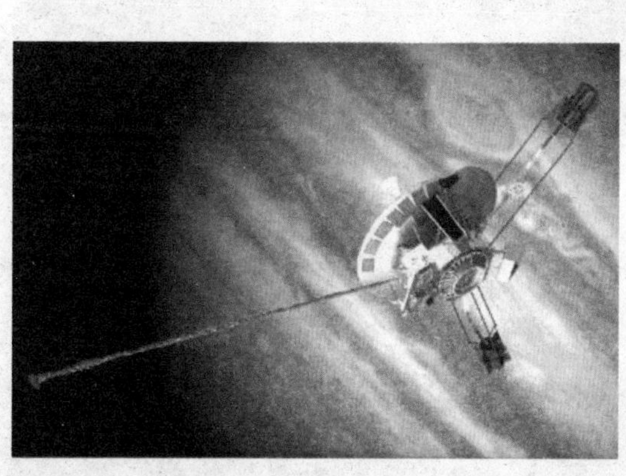

这个红斑竟踪迹皆无，看来这个红斑只存在了两年左右。

木星上的斑状结构一般持续几个月或几年，它们的共同特点是在北半球作顺时针方向旋转，在南半球作逆时针旋转。气流从中心缓慢

地涌出，然后在边缘沉降，遂形成椭圆形状。它们相当于地球上的风暴，不过规模要大得多，持续时间也长得多。

木星云的绚丽多彩，证明木星大气有着十分活跃的化学反应。在探测器拍摄的照片上，可以看到木星大气明暗交错的云带图形。从南极区到北极区依稀可辨17个云区或云带。

它们的颜色、亮度均不相同，也许是氨晶体所组成；褐色云带的云层要深些，温度稍高，因而大气向下流动；蓝色部分则显然是顶端云层中的宽洞，通过这些空隙，方可看到晴朗的天空。蓝云的温度最高，红云的温度最低。据判断，大红斑是一个很冷的结构。令人不解的是，如果按平衡状态而言，所有的云彩都应该是白色的，只有当化学平衡被破坏后，才会出现不同的颜色。那么，是什么破坏了化学平衡呢？科学家们推测，可能是荷电粒子、高能光子、闪电，或是沿垂直方向穿过不同温度区域的快速物质运动。

大红斑的橙红色一直使人困惑不解。有人认为是大红斑中上升气流形成的云中放电现象。为此，美国马里兰大学的一位名叫波南贝罗麦的博士做了一个有趣的实验。他在一只长颈瓶中放上木星大气中

存在的一些气体，如甲烷、氨、氢等，对这些气体施加电火花作用，结果发现原先无色的气体变成云状物，一种淡红色的物质沉淀在瓶壁上。这个实验为人们解开大红斑颜色之谜似乎提供了某种有益的启示。相当一部分天文学家认为，磷化物可以说明大红斑的颜色。

自从卡西尼发现大红斑以来，到今天已有300多年了，它为什么能持续如此长的时间呢？有人认为木星的大气又密又厚是大红斑长寿的主要原因，但这只是一种猜测。

大红斑和木星上其他卵形结构的长寿，主要包含两个问题：一个是这些斑状结构必须是稳定的，不然它们只能存在几天；另一个就是能源问题，一个稳定涡流如果没有能源维持，很快就会下沉。

木星大红斑时速可达400千米/小时，而地球上的龙卷风最高时速连它的3/4都达不到，而且持续时间与木星大红斑大小都比地球龙卷风长和大。至于造成这样的原因至今仍是个谜。

戴草帽的行星——土星

在太阳系的行星中，土星的光环最惹人注目，它使土星看上去就像戴着一顶漂亮的大草帽。观测表明构成光环的物质是碎冰块、岩石块、尘埃、颗粒等，它们排列成一系列的圆圈，绕着土星旋转。

土星古称镇星或填星，因为土星公转周期大约为29.5年，我国古代有28宿，土星几乎是每年在一个宿中，有镇住或填满该宿的意味，所以称为镇星或填星，土星直径为119 300千米（为地球的9.5倍），是太阳系第二大行星。它与邻居木星十分相像，表面也是液态氢和氦的海洋，上方同样覆盖着厚厚的云层。土星上狂风肆虐，沿东西方向的风速可超过每小时1600千米。土星上空的云层就是这些狂风造成的，云层中含有大量的结晶氨。

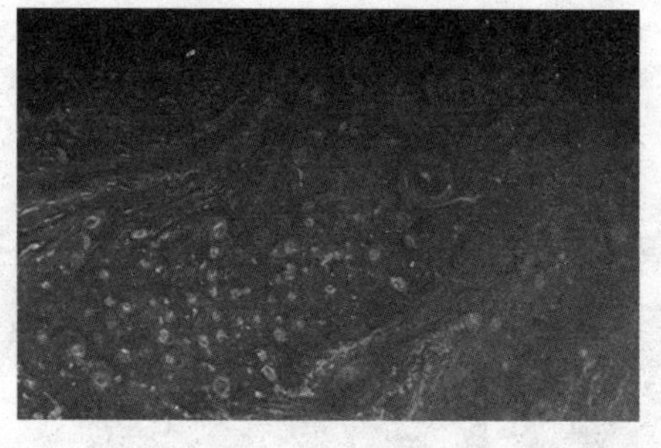

土星绕太阳公转的轨道半径约为14亿千米，它的轨道是椭圆的。

它同太阳的距离在近日点时和在远日点时相差约1.5亿千米。土星绕太阳公转的平均速度约为每秒9.64千米，公转一周约29.5年。土星也

有四季，只是每一季的时间要长达7年多，因为离太阳遥远，即使是夏季也是极其寒冷。土星自转很快，但不同纬度自转的速度却不一样，这种差别比木星还大。赤道上自转周期是10小时14分，纬度60°处则变成10小时40分。这就是说在土星赤道上，一个昼夜只有10小时零14分。

土星大气以氢、氦为主，并含有甲烷和其他气体，大气中飘浮着由稠密的氨晶体组成的云。从望远镜中看去，这些云像木星的云一样形成相互平行的条纹，但不如木星云带那样鲜艳，只是比木星云带规则得多。土星云带以金黄色为主，其余是橘黄色、淡黄色等。土星的表面同木星一样，也是流体的。它赤道附近的气流与自转方向相同，速度可达每秒500米，比木星上的风力要大得多。

土星运动迟缓，人们便将它看作掌握时间和命运的象征。罗马神话中称之为第二代天神克洛诺斯，

它是在推翻父亲之后登上天神宝座的。无论东方还是西方，都把土星与人类密切相关的农业联系在一

起，在天文学中表示的符号，像是一把主宰着农业的大镰刀。

◎ 土星的卫星

土星的美丽光环是由无数个

小块物体组成的，它们在土星赤道面上绕土星旋转。土星还是太阳系中卫星数目最多的一颗行星，周围有许多大大小小的卫星紧紧围绕着它旋转，就像一个小家族。近几年随着观测技术的不断提高，发现了土星更多的卫星，目前已发现的土星卫星就已经超过了60颗。土星卫星的形态各种各样，五花八门，使天文学家们对它们产生了极大的兴趣。最著名的“土卫六”上有大气，是目前发现的太阳系卫星中，唯一有大气存在的天体。

土星的卫星至少有18个，其中9个是1900年以前发现的。土卫一到土卫十按距离土星由近到远排列为：土卫十、土卫一、土卫二、土卫三、土卫四、土卫五、土卫六、土卫七、土卫八、土卫九。土卫十离土星的距离只有159 500千米，仅为土星赤道半径的2.66倍，已接近洛希极限。这些卫星在土星赤道平面附近以近圆轨道绕土星转动。

1980年，当旅行者号探测器飞过土星时，在原有的九颗卫星（土卫一、土卫二、土卫三、土卫四、土卫五、土卫六、土卫七、土卫八和土卫九）基础上，

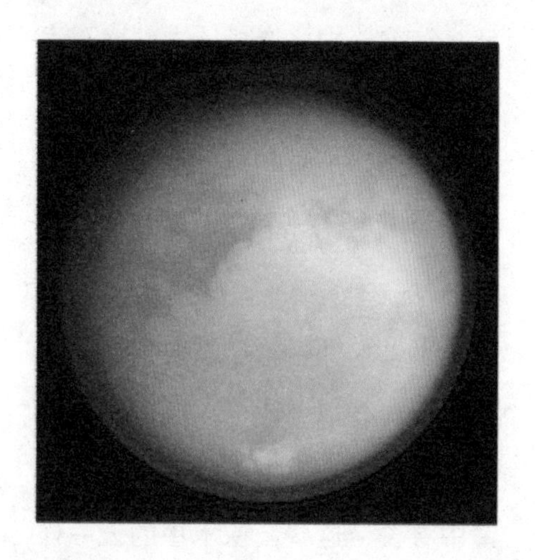

又发现了八颗新的卫星。但是很难说土星究竟有多少卫星。一些组成土星光环的较大的粒子实际上也许就是小卫星。土星在太阳系中拥有的卫星最多。跟木星卫星不一样，土星卫星不能简单地以成分和密度来归类划分。“旅行者号”所发现的卫星显示出复杂多样的特征。

土卫四和土卫五的某些地域非常坑坑洼洼，另一些地方则平坦

得多。表面的白色条状表明在这两颗卫星上曾经有水冒出。土星众多卫星中，最令我们感兴趣的是土卫六——太阳系中最大的卫星之一。“旅行者号”的科学家

惊奇地发现，它有一层厚厚的大气层——密度比地球大气层高百分之六十。土卫六非常寒冷，表面温度约为-150℃。在这样的温度条件下，甲烷以气态、液态、固态三种状态同时存在。行星学家克拉克·查普曼这样说道：“土卫六上的甲烷可能会像地球上零摄氏度的水。”“穿过北极的淤泥地带，可隐约见到土卫六的表面景观……由甲烷和氨冰块组成的岩石大多数被埋在一种粘性的油层之下。长时期内来自柏油烟雾的微小尘埃粒子不断聚集……土卫六浓稠的液态甲烷与海洋被甲烷冰雾令人窒息的雾霭所遮挡。”极小的土卫一有一个创痕，那是太阳系中最明显的创痕之

一。一个巨大的陨石坑显示出它曾受过一次几乎将其一分为二的重创。重创之下的这个巨大陨石坑直径约为整个星球的三分之一。它的表面是如此的坑坑洼洼，使得冰层被切成了片片碎块。在它的表面上行走，宛如走在一个巨大的雪锥之上。

土卫二有一个断层系统以及从未受过陨石冲击的大区域。陆潮受热可能在重建表面的过程中发挥了重大作用。这种活动似乎就发生在最近，这也可以用来解释它的表面为何光彩夺目。土卫二几乎反射所有的光线，其冰冻的表面可能会被来自内部的水不断覆盖。

土卫八一侧很亮，另一侧很暗。亮的那侧能将大约一半照射到的光反射出去，而另一侧几乎一片黑暗。黑色物质里可能包含着有机碳——生命必需的组成成分之一。

土卫七看上去像是较大物体的一个碎块。它不规则的形状和极度坑坑洼洼的表面使它看似一个稍大的小行星。这颗卫星的碎片现在可能已进入了土星光环。

土卫三也是从明显的宇宙暴力之中幸存下来的。一条巨大的沟壑从卫星的一端伸展到另一端。这个长狭谷看起来是由内部力量而引起的。它内部凝固和膨胀的压力使其表面产生裂缝。科学家们无法解释一个至少百分之八十由水冰组成的卫星是如何经受住这样的地质活动的原因。

“旅行者号”探测器的探索结果使人们深信那曾经支配了土星早期历史的猛力作用。土星卫星看起来像是无尽爆炸袭击的幸存者。它们明亮的冰封表面受到了无数陨石的创伤。但是这些卫星中有一个与早期的地球非常相似。也许某一天，有着浓厚大气层的土卫六能够进化出顽强的生命。这是我们地球人类的一个神奇的梦想，也是外星球生命进化的奇迹。

天王星

天王星是环绕太阳运行的第七颗行星，天王星主要是由岩石与各种成分不同的水冰物质所组成，其组成主要元素为氢（83%），其次为氦（15%）。在许多方面天王星（海王星也是）与大部分都是气态氢组成的木星与土星不同，其性质比较接近木星与土星的地核部分，而没有类木行星包围在外的巨大液态气体表面（主要是由金属氢化合物气体受重力液化形成）。天王星并没有土星与木星那样的岩石内核，它的金属成分是以一种比较平均的状态分布在整个地壳之内。直接以肉眼观察，天王星的表面呈现洋蓝色，这是因为它的甲烷大气吸收了大部分的红色光谱所导致。

天王星的质量大约是地球的14.5倍，是类木行星中质量最小的，他的密度是1.29克/厘米；只比土星高一些。直径虽然与海王星相似（大约是地球的4倍），但质量

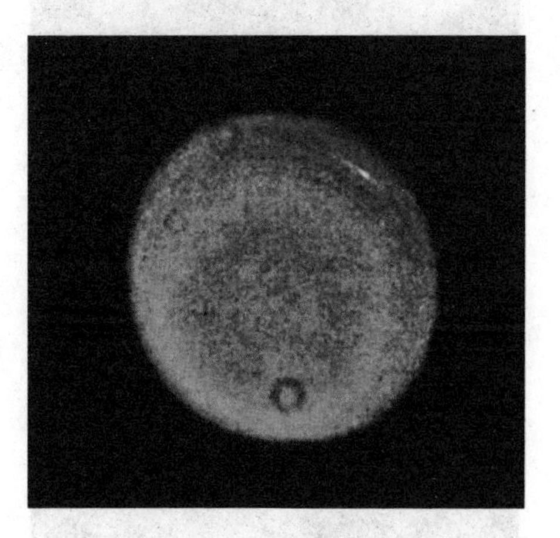

较低。这些数值显示他主要由各种各样挥发性物质，例如水、氨和甲烷组成。天王星内部冰的总含量还不能精确的知道，根据选择的模型

不同有不同的含量，但是总在地球质量的9.3至13.5倍之间。氢和氦在全体中只占很小的部份，大约在0.5至1.5地球质量。剩余的质量（0.5至3.7地球质量）才是岩石物质。

天王星和海王星的内部和大气构成不同于更巨大的气体巨星——

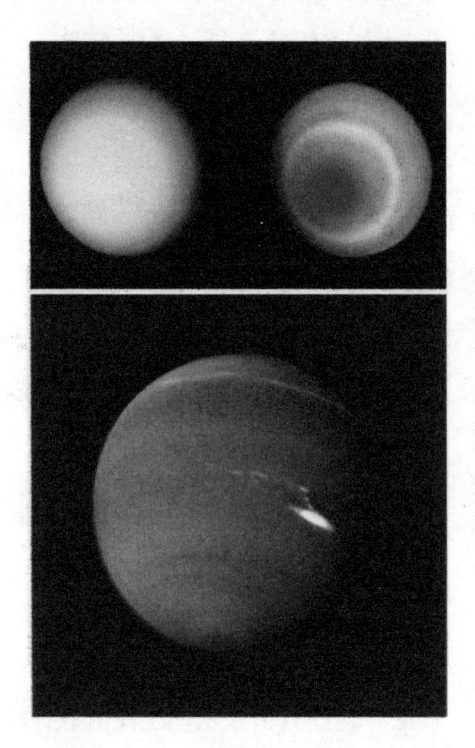

木星和土星。同样的，天文学家设立了不同的冰巨星分类来安置它们。天王星大气的主要成分是氢和氦，还包含较高比例的由水、氨、甲烷结成的“冰”，与可以察觉到的碳氢化合物。他是太阳系内温度最低的行星，最低的温度只有49开尔文，还有复合体组成的云层结构，水在最低的云层内，而甲烷组成最高处的云层。

天王星的标准模型结构包括三个层面：在中心是岩石的核，中间是冰的地函，最外面是氢/氦组成

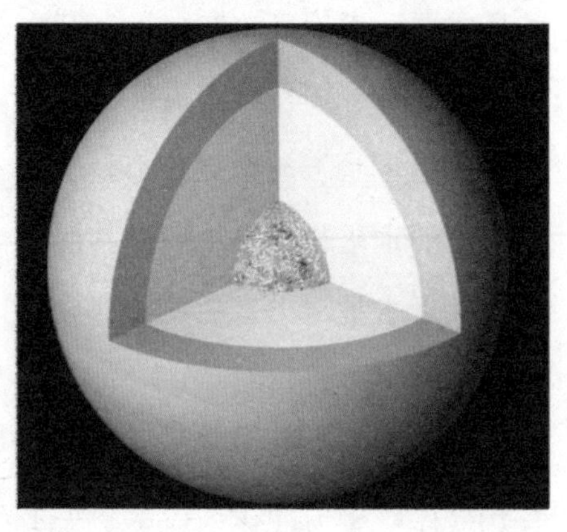

的外壳。相较之下核非常的小，只有0.55地球质量，半径不到天王星的20%；地函则是个庞然大物，质量大约是地球的13.4倍；而最外层的大气层则相对上是不明确的，大约扩展占有剩余20%的半径，但质

量大约只有地球的0.5倍。天王星核的密度大约是9克/厘米，在核和地函交界处大约5000开尔文的温度。冰的地函实际上并不是由一般意义上所谓的冰组成，而是由水、氨和其他挥发性物质组成的热且稠密的流体。这些流体有高导电性，有时被称为水-氨的海洋。天王星和海王星的大块结构与木星和土星十分不同，冰的成分超越气体，因此有理由将它们分开另成一类为冰巨星。

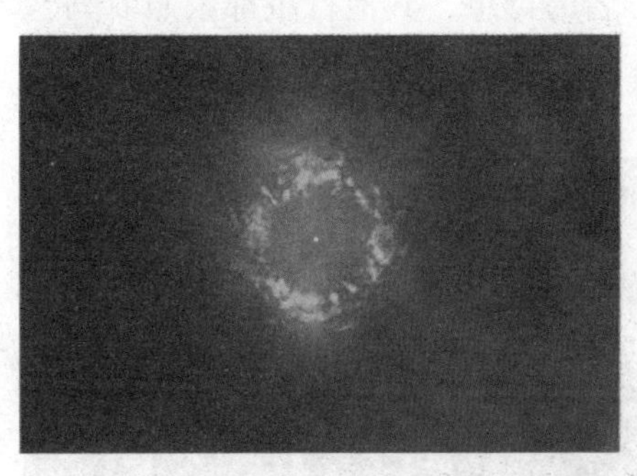

有些论点认为气体巨星和冰巨星在形成的时候就有差异存在，太阳系的诞生应该开始于一个气体和尘土构成的巨大转动的球体，也就是前太阳星云。当他凝聚时，他逐渐形成盘状，在中心的崩塌形成了太阳。多数的星云气体，主要是氢和氦，形成了太阳；同时，颗粒的尘土集合形成了第一颗原行星。在

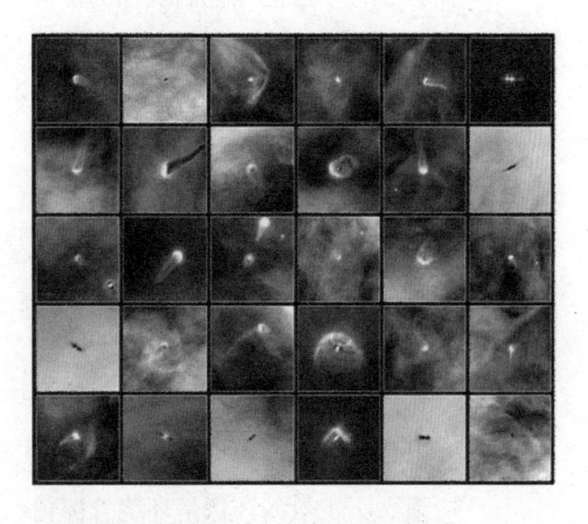

行星成长的过程中，有些累积到足够的质量，能够凝聚星云中残余的气体。聚集越多的气体，使他们变得越大；他们变得越大，就越能聚集气体，直到达到一个关键的点，使他们开始以指数的增长。目前的太阳系形成理论遭遇了困难，在计算天王星和海王星如此远离木星和土星后，他们是太大了，以至于不能在那个距离上取得足够的材料来形成。相反的，有些科学家认为是在离太阳较近的位置形成之后，才

被木星驱赶到外面的。然而，最近的摹拟，将行星漂移计算在内，似乎已能在他们现存的位置上形成天王星和海王星。

如同其他的大行星一样，天王星也有环系统、磁层和许多卫星。天王星的系统在行星中非常独特，因为它的自转轴斜向一边，几乎就躺在公转太阳的轨道平面上，因而南极和北极也躺在其他行星的赤道位置上。从地球看，天王星的环像是环绕着标靶的圆环，它的卫星则像环绕着钟的指针。在1986年，来自旅行者2号的影像显示天王星实际上是一颗平凡的行星，在可见光的影像中没有像在其他巨大行星所拥有的云彩或风暴。然而，近年内，随着天王星接近昼夜平分点，地球上的观测者看见了天王星有着季节的变化和渐增的天气活动。天王星的风速可以达到每秒250米。在西方文化中，天王星是太阳系中唯一以希腊神祇命名的行星，其他行星都依照罗马神祇命名。

海王星

海王星是环绕太阳运行的第八颗行星，是围绕太阳公转的第四大天体（直径上）。海王星在直径上小于天王星，但质量比它大。海王星的质量大约是地球的17倍，而类似双胞胎的天王星因密度较低，质量大约是地球的14倍。海王星以罗马神话中的尼普顿命名，因为尼普顿是海神，所以中文译为海王星。

海王星是距离太阳远近顺序的第八颗行星，是通过它对天王星轨道的摄动作用而于1846年9月23日被发现的，计算者为法国天文学家勒威耶，也是最早被计算下来的。

德国天文学家J.G.伽勒是按计算位置观测到该行星的第一个人。这一发现被看成是行星运动理论精确性的一个范例。海王星由于距离遥远，光度暗淡，即使用大型望远镜也难看清其表面细节，因而不能依靠观测表面标志的移动

来定出自转周期。

海王星与太阳的平均距离为44.96亿千米，是地球到太阳距离的30倍。海王星接收到太阳的光

和热只有地球的19%，于是其表面覆盖着延绵几千千米厚的冰层，外表则围绕着浓密，海王星的直径49500千米，是地球的3.88倍，体积有57个地球那么大，质量只是地球的17倍多，所以其密度也相当小，海王星以每秒5.43千米的速度绕着太阳公转，公转一周需要花上164.8年，自转一周也只要24小时左右。

海王星的组成成分与天王星的很相似：各种各样的“冰”和含有15%的氢和少量氦的岩石。海王星相似于天王星但不同于土星和木星，它或许有明显的内部地质分层，但在组成成份上有着或多或少的一致性。但海王星很有可能拥有一个岩石质的小型地核（质量与地球相仿）。它的大气多半由氢气和氦气组成。还有少量的甲烷。

（1）大黑斑

在旅行者2号造访海王星期间，行星上最明显的特征就属位于南半球的大黑斑了。黑斑的大小大

约是木星上的大红斑的一半（直径的大小与地球相似），海王星上的疾风以300米每秒的速度把大黑斑向西吹动。旅行者2号还在南半球

发现一个较小的黑斑及一以大约16小时环绕行星一周的速度飞驶的不

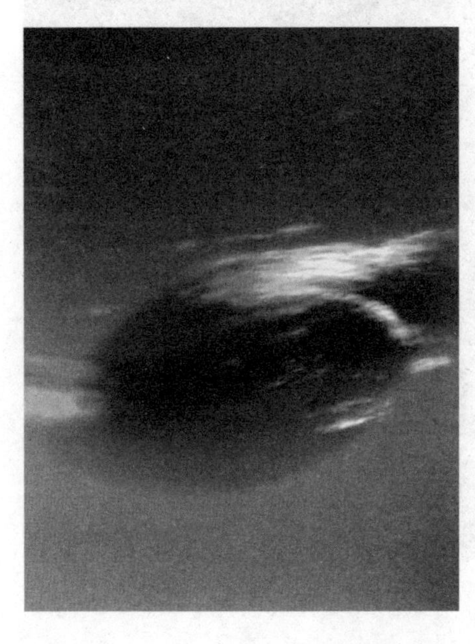

规则的小团白色烟雾，现在得知是“The Scooter”。它或许是一团从大气层低处上升的羽状物，但它真正的本质是什么，至今还是一个谜。

然而，1994年哈勃望远镜对海王星的观察显示出大黑斑竟然消失了！它或许就这么消散了，或许暂时被大气层的其他部分所掩盖。几个月后哈勃望远镜在海王星的北半球发现了一个新的黑斑。这表明海王星的大气层变化频繁，这也许是因为云的顶部和底部温度差异的细微变化所引起的。

（2）风　暴

海王星上的风暴是太阳系类木行星中最强的。考虑到它处于太阳系的外围，所接受的太阳光照比地球上微弱1000倍，这个现象和科学家们原有的期望不符。曾经普遍认为行星离太阳越远，驱动风暴的能量就应该越少。木星上的风

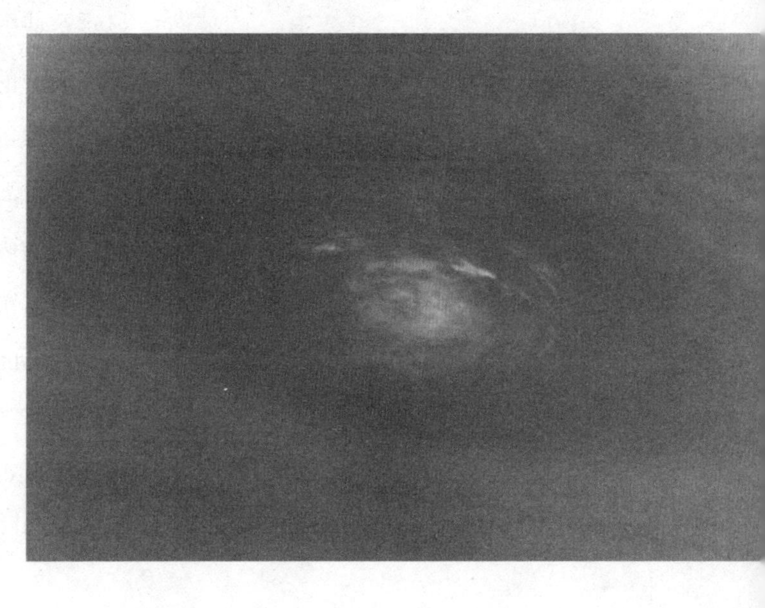

速已达数百千米/小时，而在更加遥远的海王星上，科学家发现风速没有更慢而是更快了（1600千米/小时）。这种明显反常现象的一个可能原因是，如果风暴有足够的能量，将会产生湍流，进而减慢风速（正如在木星上那样）。然而在海王星上，太阳能过于微弱，一旦开始刮风，它们遇到很少的阻碍，从而能保持极高的速度。海王星释放的能量比它从太阳得到的还多，因而这些风暴也可能有着尚未确定的内在能量来源。

（3）海王星光环

海王星也有光环。在地球上只能观察到暗淡模糊的圆弧，而非完整的光环。但旅行者2号的图像显示这些弧完全是由亮块组成的光环。其中的一个光环看上去似乎有奇特的螺旋形结构。同天王星和木星一样，海王星的光环十分暗淡，但它们的内部结构仍是未知数。人们已命名了海王星的光环：最外面的是“Adams”，其次是一个未命名的包有“Galatea”卫星的弧，然后是“Leverrier”，最里面暗淡但很宽阔的叫“Galle”。